国家自然科学基金项目“协同治理视角下我国乳品安全供给的政府规制与企业自我规制竞合机制研究”（项目号：71863027）

内蒙古自治区自然科学基金项目“乳制品质量安全危机预警及其管理机制研究”（项目号：2018LH07009）

乳制品质量安全监管逻辑与风险预警研究

白宝光 ◎ 著

中国财经出版传媒集团

经济科学出版社
Economic Science Press

图书在版编目（CIP）数据

乳制品质量安全监管逻辑与风险预警研究/白宝光著．
—北京：经济科学出版社，2021．3
ISBN 978－7－5218－2447－6

Ⅰ．①乳…　Ⅱ．①白…　Ⅲ．①乳制品－质量管理－
安全管理－中国　Ⅳ．①TS252．5

中国版本图书馆 CIP 数据核字（2021）第 049681 号

责任编辑：孙丽丽　撖晓宇
责任校对：齐　杰
责任印制：范　艳　张佳裕

乳制品质量安全监管逻辑与风险预警研究
白宝光　著
经济科学出版社出版、发行　新华书店经销
社址：北京市海淀区阜成路甲 28 号　邮编：100142
总编部电话：010－88191217　发行部电话：010－88191522
网址：www．esp．com．cn
电子邮箱：esp@ esp．com．cn
天猫网店：经济科学出版社旗舰店
网址：http：//jjkxcbs．tmall．com
北京季蜂印刷有限公司印装
710×1000　16 开　11．75 印张　210000 字
2021 年 3 月第 1 版　2021 年 3 月第 1 次印刷
ISBN 978－7－5218－2447－6　定价：48．00 元
（图书出现印装问题，本社负责调换。电话：010－88191510）

前　言

本书是笔者关于乳制品质量安全管理问题研究的第二部专著，第一部专著是2016年由科学出版社出版的《供应链环境下乳制品质量安全管理研究》。第一部专著是基于2008年三鹿奶粉事件的背景下，笔者在主持完成的与乳制品质量安全问题相关的一项国家自然科学基金项目和两项省级课题的基础上完成的。在完成第一部专著后，笔者又承担了一项国家自然科学基金项目和一项内蒙古自然科学基金项目，继而将研究成果加以总结提炼出版本书。

2008年三鹿奶粉事件的爆发轰动全国，当时国务院启动了国家重大食品安全事故Ⅰ级响应机制，成立了应急处置领导小组。除卫生部门积极开展对婴幼患儿的救治以外，原国家质监总局也组织全国质量检验机构对所有婴幼儿奶粉生产企业展开专项监督检查。检查结果是当时许多乳制品企业生产的奶粉都存在添加三聚氰胺的问题。为应对这种局面，确保乳制品的质量安全，我国政府随即出台了一系列政策措施，并加大了监管处罚的力度。但是，时至今日，乳制品质量安全问题依然在全国各地时有发生，这表明我国乳制品质量安全形势的严峻性依然存在，乳制品质量安全问题还未得到根本上的解决。

在我国对历次乳制品质量安全事件的查处中，有一种倾向认为这些乳制品质量安全事件是属于偶发性的，这种认识其实是将系统问题非系统化、将公共问题私人化的看法。对于解决这种系统化的公共问题，首先应该考虑的是系统的制度建设问题，当然包括政府监管制度；其次还要重视“事”前的预防准备工作。因此，正如书名所言，本书的研究内容包含监管和预警两个方面。

关于监管问题，根据乳制品的行业特点和学者们研究的遗漏，重点研究了政府对乳制品质量安全的监管逻辑。内容包括乳制品质量安全监管的逻辑过程、乳制品质量安全监管的体制变迁逻辑、乳制品质量安全监管机制的逻辑框架、乳制品质量安全监管体系的运行逻辑。这些逻辑关系是乳制品质量安全管理制度建设的基础，厘清这些监管逻辑是政府设计科学的监管方案的理论基础，也是提升监管绩效的前提条件。关于预警问题，根据近几年我国乳制品质量安全事件暴露出来的问题，重点探讨了乳制品质量安全风险的预警方法。内容包括基于时间序列的乳制品质量安全风险预警方法和基于GA－BP神经网络的乳制品质量安全风险预警方法。这些预警方法的研究，有助于挖掘潜在的乳制品质量安全隐患并及时发布警报，达到早期发现、早期预防，最低限度地降低损失，从而实现乳制品质量安全风险防控的目的。

全书共分八章，第1章为绪论。对研究背景、意义以及国内外研究现状进行了总体阐述。第2章为相关概念界定与理论基础。主要是界定了乳制品质量安全监管和乳制品质量安全风险预警的相关概念，并对相关基础理论进行了简要的阐述。第3章为乳制品质量安全监管的逻辑过程。主要包括政府监管立法、政府监管执法、法规的修改与调整、放松或解除政府监管等环节。第4章为乳制品质量安全监管体制的变迁逻辑。分析了我国乳制品质量安全监管体制的演进过程，探讨了乳制品质量安全监管体制变迁的诱致性制度变迁逻辑、强制性制度变迁逻辑以及综合性制度变迁逻辑。第5章为乳制品质量安全监管机制的逻辑框架。一是探讨了生鲜乳质量安全监管机制的逻辑框架，并对其监管要求与监管方法进行了分析。二是探讨了乳制品生产加工质量安全监管机制的逻辑框架，包括乳制品市场准入机制、乳制品信息可追溯机制、乳制品安全信息披露机制、乳制品安全风险预警机制、乳制品安全奖惩机制。本章还对乳制品质量安全监管机制的创新问题进行了分析。第6章为乳制品质量安全监管体系及其运行逻辑。分析了乳制品质量安全监管体系的构成要素，界定了乳制品质量安全监管体系要素的责权，厘清了乳制品质量安全监管体系的运行逻辑。第7章为基于反应性指标的乳制品质量安全风险预警。在分析界定乳制品质量安全风险反应性指标的基础上，构建了乳制品质量安全风险预警指标体系与预警模型，并进行了具体应用。第8章为基于形成性指标的乳制品质量安全风险预警。构建了基于GA－BP神经网络的乳制品质量安全风险预警模型，并进行了实证分析。

本书是笔者承担的国家自然科学基金项目和内蒙古自治区自然科学基金项目的主要研究成果。也是笔者多年来从事质量管理理论与方法研究及其在乳制品质量安全管理应用中的成果积累。本书也是笔者出版的《供应链环境下乳制品质量安全管理研究》的内容延续。

我国政府与社会各界非常关注乳制品的质量安全问题，政府也一直下大力气进行治理，但是，乳制品的质量安全问题一直伴随着我国的经济发展而存在。这说明乳制品质量安全问题是一个复杂的社会问题，需要专家学者、政府以及企业的共同努力方可解决。由于笔者本人的学识、能力与水平有限，书中一定有尚不完善之处，敬请同仁及广大读者给予批评指正！

白宝光
二〇二〇年八月

目 录

第1章　绪　　论

1.1　研究背景与意义

1.1.1　研究背景

伴随着我国经济的高速发展，我国乳业保持快速增长。《中国奶业质量报告（2019）》中的数据表明，我国奶类产量占比全球总量的3.8%。截至2018年底，中国奶类产量为3176.8万吨，同比增长0.9%，比2013年增长1.9%，如图1－1所示。2018年587家规模以上乳制品制造业企业的主营收入为3398.9亿元，相比2013年增长了20.0%，利润总额高达230.4亿元，较2013年增长27.9%，如图1－2所示。中国乳品消费总量表现出稳步上升的趋势，从2013年的2864.0万吨增加到2018年的2946.83万吨，平均年增长率为0.69%，如图1－3所示。

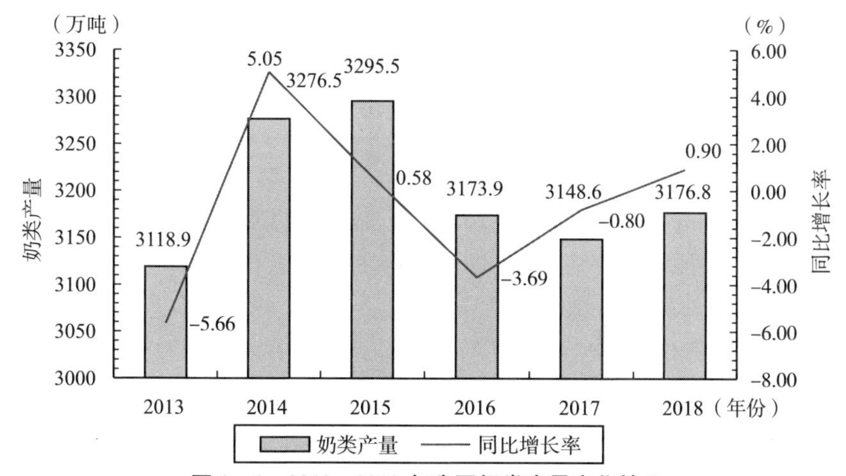

图1－1　2013～2018年我国奶类产量变化情况

资料来源：国家统计局。

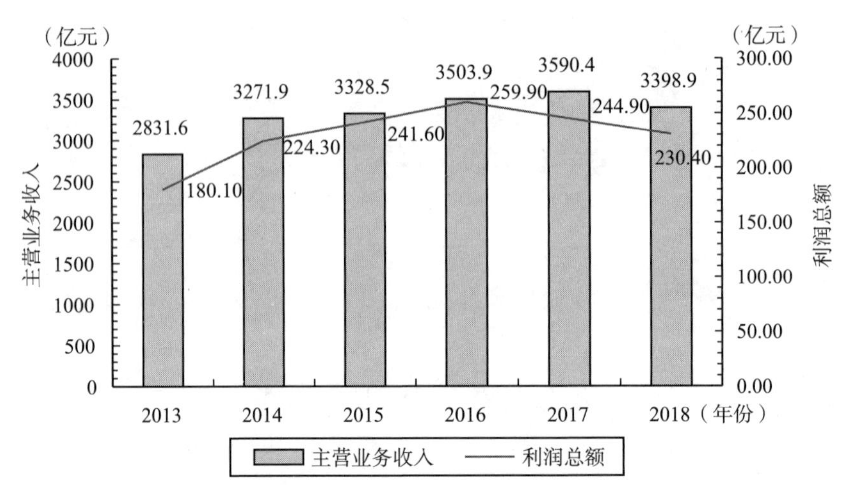

图 1－2　2013～2018 年中国乳制品规模以上企业主营业务收入和利润总额情况

资料来源：国家统计局。

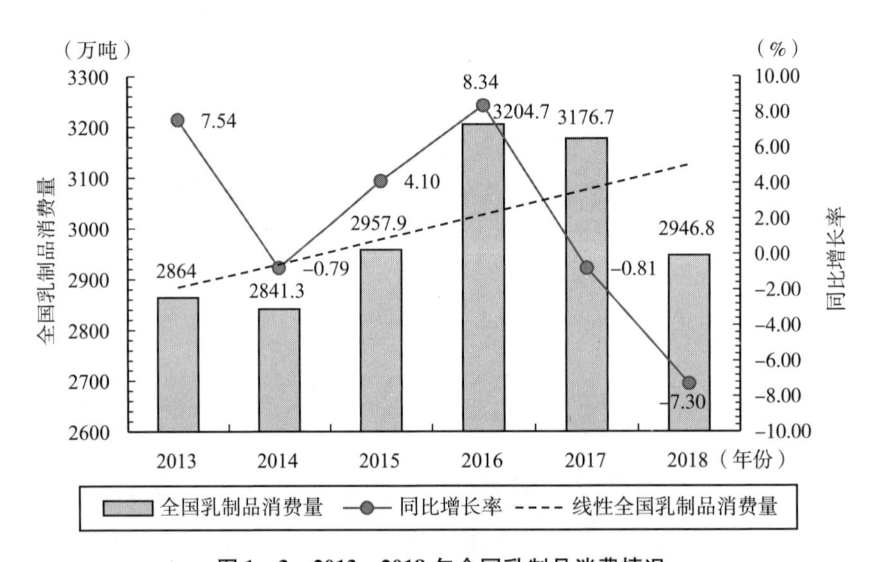

图 1－3　2013～2018 年全国乳制品消费情况

资料来源：国家统计局、海关总署，其中，乳制品消费总量 = 国内乳制品产量 + 乳制品进口量 - 乳制品出口量。

然而，伴随着乳制品供给和需求双向增长的同时，乳制品质量安全事件也不断被媒体曝光。总结近几年的乳品质量安全事故发生的原因，其风险产生的根源集中于以下几个方面：一是人源性因素，主要是违规使用添加剂或者有毒有害物质。二是乳制品生产主体存在不当行为。三是政府监管不到位。这些乳制品质量安全事件都凸显了我国乳制品质量存在一定的安全问题，同时也暴露了政府监管部门在乳制品质量安全风险管理方面的不足。

面对频繁发生的乳制品质量安全事件，我国政府出台了很多政策措施加以应对，虽然效果是有一些，但并不明显。这就说明我国乳制品质量安全形势的严峻性依然存在，乳制品质量安全问题还未得到根本上的解决。因此，如何加强政府对乳制品质量安全问题的监管，如何提高乳制品质量安全风险防范水平，已经成为乳制品质量安全风险管理中亟待解决的重要问题，这也是政府和学术界需要进行深入研究的重大课题。

1.1.2　研究意义

1. 理清监管逻辑，提升监管绩效

为了完成笔者承担的国家自然科学基金项目“协同治理视角下我国乳品安全供给的政府规制与企业自我规制竞合机制研究”和内蒙古自治区自然科学基金项目“乳制品质量安全危机预警及其管理机制研究”，我们调研了伊利和蒙牛乳业集团，走访了政府的相关部门。通过与社会的互动，我们不仅了解了乳制品质量安全的监管方法，还了解到乳制品质量安全背后的监管逻辑。我们看到了政府的监管离预期目标还有一定的距离，而且，我们也看到了现行的乳制品质量安全管理政策和制度安排，往往无视乳制品质量安全背后的监管逻辑①。一方面是大量的政府检测，另一方面是对检测信息的隐匿；面对大量分散的奶牛养殖户，一方面是政府有限的监管资源，另一方面是对乳制品生产经营过程实行全面管理的监管体制；一方面是对信用品的监管，另一方面是专业监管人员的不足。这些问题的存在，使得监管绩效大大降低。

我们还发现，乳制品质量安全的监管逻辑是基于乳制品的信用品属性及其相关的信息不对称现象。因此，有必要对乳制品质量安全的监管逻辑进行研究。

2. 探索危机预警方法，提升风险防控水平

近十几年一系列乳制品质量安全事件，让我们积累了处理危机事件的方法和稳定大众消费者产生恐慌情绪的经验，同时，也让政府更加重视乳制品质量安全问题的监管。加强监管对于保障乳制品的质量安全起到了至关重要的作用，但是，我们在加强监管并重视乳制品质量安全事件事后处理的同

---

①　周德翼，吕志轩．食品安全的逻辑［M］．北京：科学出版社，2008：4.

时，在某种程度上轻视了乳制品质量安全事件的预防。虽然有报道称，目前我国乳制品企业绝大多数都建立了危机预警机制。但是，当危机爆发时，企业预警的启动却出现了严重的滞后。这说明我们建立的预警系统还不能接受实战的挑战，在具体运作过程中预警系统还存在很多问题，比如，风险监测与预警脱节未形成一个有机的整体；预警方法不够先进，做不到与乳制品监测信息系统的连接，难以做到对出现的质量风险提前预报，等等。同时也说明，仅从企业自身的视角去研究和解决乳制品质量安全危机的预警问题，有很大的局限性。乳制品质量安全是一种公共产品，它的提供需要政府职能部门的介入。因此，如何从评估预防等方面建立一套完整、可行的乳制品质量安全预警体系，挖掘潜在的乳制品质量安全隐患并及时发布警报，从而达到早期发现、早期预防、早整治、早解决，最低限度地降低损失，变事后处理为事先预防，这是目前我国实现乳制品质量安全风险防控的主要问题。因此，对乳制品质量安全风险预警的研究意义重大。

1.2 国内外研究现状及其评述

1.2.1 乳制品质量安全问题监管与控制研究

1. 乳制品质量安全问题监管研究

曹凯等（Cao K. et al.，2005）分析了澳大利亚和新西兰有关乳制品质量安全规制的特点，阐述了两国乳制品质量管理方法的运用情况，并对方法运用的效果进行了评价①。安妮特（Annementte，2006）分析了乳品工业先进国家丹麦的乳制品质量安全规制的组织机构模式及其特点，并对组织机构体系的建设和质量安全规制方法进行了系统总结与归纳，提出了改进与完善的措施建议②。克里斯托夫和埃吉齐奥（Christophe and Egizio，2012）对英国乳制品生产的上下游企业之间的相互制约关系进行了研究。研究结果显示，为了使消费者能够购买到确保质量安全的乳制品，建议英国政府的监管

① Cao K.，Maurer O.，Scrimgeour F.，Dake C. K. 2005. February. Estimating the Cost of Food Safety Regulation to the New Zealand Seafood Industry. In 2003 Conference（47th），February 12 - 14，2003，Fremantle，Australia（No. 57840）. Australian Agricultural and Resource Economics Society.

② Annementte Nielsen. 2006. Contesting competence – Change in the Danish food safetysystem. Appetite.

机构，允许乳制品产业链的下游企业有权对上游企业的生产和质量控制情况进行调查和了解；并利用下游销售企业已在市场上形成的影响力，对上游生产企业是否选择生产保证质量安全的乳制品构成制约①。托德等（Todt O. et al.，2013）对澳大利亚乳制品质量安全的监管情况进行了分析。结果显示，澳大利亚的乳制品质量安全监管的制度体系，是建立在“风险分析”的基础之上。因此，澳大利亚支持和鼓励乳制品企业实施“危害分析与关键控制点体系”（HACCP）②。白宝光、解敏等（2013）根据乳制品行业的特点，以及影响乳制品质量形成与实现过程的因素，提出实现乳制品质量安全的监控逻辑。为规避乳制品质量安全风险，他们建议在乳品供应链内部引入HACCP 体系，实施纵向的供应链内部控制，并通过政府与社会公众实施横向的供应链外部监管。同时，为保证内部控制与外部监管达到理想的效果，提出导入质量安全信息可追踪系统③。黄蕾、李瑶琴、刘俊华（2013）通过建立原奶供应商和乳品加工企业组成的两阶段供应链质量安全混合博弈模型，探讨了对原奶供应商和乳品加工企业的监管策略④。祝捷（2013）基于乳制品供应链无法提供对乳制品质量安全担保的实际情况，提出有必要建立科学合理的乳制品监管链和监管方法的观点。进而，根据乳制品供应链的构成与运行特征，探讨了构建对称型供应链、统一乳制品质量安全监管机构、建立基于双重检验的信任符号提供机制等乳制品监管的改进方法⑤。樊斌、魏红梅、潘方卉（2014）认为乳制品质量安全违规行为存在于供应链中，并对乳制品供应链相关主体的违规行为进行了分析，对违规行为的重灾区原料乳供应环节和乳制品加工环节提出了防范措施⑥。陈红、向南（2016）为了实现精确评估乳制品质量安全监管的政府绩效，采用德尔菲法构建了评估

---

① Christophe Charlier，Egizio Valceschini. 2012. Coordination for traceability in the food chain：A critical appraisal of European regulation，12.

② Todt O.，Muñoz E.，Plaza M. Food safety governance and social learning：The Spanish experience [J]. *Food control*，2013，18（7）：834－841.

③ 白宝光，解敏，孙振．基于科技创新的乳制品质量安全问题监控逻辑［J］．科学管理研究，2013，31（4）：61－64.

④ 黄蕾，李瑶琴，刘俊华．基于乳品供应链质量安全监管的博弈论解释［J］．现代商业，2013，31（11）：58－59.

⑤ 祝捷．基于供应链的乳制品安全监管方法研究［J］．宏观质量管理，2013（10）：35－44.

⑥ 樊斌，魏红梅，潘方卉．乳制品质量安全违规行为监管体系研究［J］．商业经济，2014（3）：15－16.

指标体系，并对政府监管的能力、效率和水平进行了实证分析[①]。李亘、李向阳、刘昭阁（2017）认为，乳制品质量安全风险存在于生产与组织的多个阶段。在各个阶段中，政府监管部门虽统一监管，但由于采取的监管策略不同，使其与厂商之间的博弈情景存在差异，这将影响风险控制的成果。基于此，分析了乳制品安全监管中的多阶段进化博弈。研究表明，在多阶段监管中，惩罚力度、信用档案信息发现率与阶段组合策略是使乳制品厂商趋向乐于规范生产的重要影响因素，惩罚力度大信用档案信息发现率大、阶段组合策略越偏向于采购阶段，则厂商更愿意规范乳制品生产；不同信息发现率下，相同阶段组合策略下的监管效果不同[②]。王娜、张萍、刘芳（2018）从乳制品质量监督管理体系、监管政策法规、风险管理计划以及检测检疫技术四个方面分析了新西兰和澳大利亚乳制品质量监管机制，结合中国乳制品质量监管的发展情况，提出了完善中国乳制品监管机制的四个方面的对策建议，即优化乳制品质量监管体系、实施全方位监管；完善乳制品质量标准，增强可操作性；推行乳制品风险管理措施，完善预警监测机制；加大技术研发投入，提高乳制品检测水平[③]。杨琦、裴磊、魏旭明（2019）构建了乳制品销售环节安全监管状况指标体系，并通过采集大量的相关数据，对我国乳制品销售环节安全监管状况的影响因素进行了分析。研究表明，乳制品销售渠道仍是我国乳制品销售环节安全监管状况的重要影响因素，线上乳制品销售环节安全监管状况不容乐观；乳制品销售人员及设备管理是我国乳制品销售环节安全监管状况的关键影响因素，加强对其的安全监管有助于改善我国乳制品销售环节安全监管状况；乳制品销售资质对于乳制品销售环节安全监管状况的改善影响作用较小，乳制品经营者无销售资质问题已得到显著改善[④]。

2. 乳制品质量安全问题控制研究

瓦列娃等（Valeeva et al.，2011）将乳制品供应链划分为饲料种植与供给、奶牛养殖和乳品生产加工三个环节；并对这三个环节中有利于保证乳品质量安全的措施，以及实施这些措施的成本进行了分析。分析结果表明，供

---

① 陈红，向南．北京市乳制品安全监管政府绩效评估［J］．中国农业大学学报，2016（11）：58－63.

② 李亘，李向阳，刘昭阁．乳制品安全监管中的多阶段进化博弈分析［J］．运筹与管理，2017，26（6）：49－57.

③ 王娜，张萍，刘芳．新澳乳制品安全监管［J］．世界农业，2018（8）：160－165.

④ 杨琦，裴磊，魏旭明．中国乳制品销售环节安全监管状况影响因素研究——基于主成分因子分析和二项 Logistic 回归［J］．南京工业大学学报（社会科学版），2019（6）：90－101.

应链的三个环节对提高乳品质量安全水平的作用基本相当，三个环节中提高乳品质量安全的措施中有65%可以以较低的成本实施。在65%的管理措施实施后，若要进一步提高乳品质量安全水平，其管理成本将会快速上升[①]。叶枫、郭淼媛（2013）以博弈各方收益最大化为目标，计算不同的合作方式对乳制品企业提高质量控制水平的影响，并通过模型分析与数据仿真，探讨使乳制品质量水平最佳的供应链相关主体的合作模式[②]。慕静、车东方（2014）通过分析乳制品供应链结构特点的基础上，进一步分析了HACCP体系对于保障供应链质量安全的控制机制，进而提出了HACCP体系和GS1相结合的乳制品供应链可追溯系统[③]。申强等（2014）借鉴闭环供应链运作模式和服务供应链管理思想，提出构建乳制品服务型闭环供应链质量控制优化模型，通过明确质量控制技术服务主体，解决乳品企业与养殖户信息交流不畅的问题，提高技术服务的针对性，促使双方形成收益分享与风险分担的利益共同体，实现乳制品供应链质量控制的目的[④]。吴强、孙世民（2015）通过分析发达国家乳制品供应链质量管理与控制方法的成功经验，提出了我国乳制品生产中原料奶生产、收购与储运，以及乳制品加工中的质量控制策略[⑤]。张凯、樊斌（2016）从乳品供应链原奶供应、原奶的收购和乳制品的加工、流通和销售、消费者食用四个环节，分析了影响乳品质量安全的因素，并提出相应的协调与控制对策[⑥]。张海媛、王晶（2016）从乳品原料、生产过程、工艺方法、设备运行以及生产的环境卫生等方面，分析了我国当前乳品行业影响产品质量的风险因素，提出了相关的措施与建议[⑦]。张荣彬（2017）分析了我国乳制品行业的市场贸易形势、产业组织结构、转型升级方式，重点探讨了乳制品质量安全的控制情况。针对乳制品的质量安全现状及

---

① Valeeva, Meuwissen, Lansink. Cost implications of improving food safety in the Dutch dairy chain [J]. *European Review of Agricultural Economics*, 2011, 33 (4): 511-541.

② 叶枫，郭淼媛．质量控制下的乳制品供应链协调［J］．经营与管理，2013（10）：111-114.

③ 慕静，车东方．基于马尔科夫过程的乳制品可追溯系统可靠性研究［J］．食品研究与开发，2014，35（9）：216-220.

④ 申强，侯云先，杨为民，刘笑冰．乳制品供应链产品质量控制优化模型构建——基于服务型闭环供应链角度［J］．中国乳品工业，2014，42（1）：40-42.

⑤ 吴强，孙世民．于质量安全的乳品供应链合作伙伴关系研究［J］．物流科技，2016（2）：111-114.

⑥ 张凯，樊斌基．基于供应链的乳品质量安全影响因素研究［J］．湖北农业科学，2016，55（13）：3502-3505.

⑦ 张海媛，王晶．影响乳品质量的因素分析及控制方法［J］．黑龙江科学，2016，7（3）：144-147.

其控制情况，提出了改进的四项措施建议，即强化 HACCP 体系建设，保证流通过程中的产品质量安全；严厉打击惩处非法生产经营行为，严格落实产品质量安全的各方责任；完善企业安全监测体系，提升从业者的思想水平和安全责任意识；加大乳品行业的宣传力度，向大众科普乳制品的营养价值、相关法律①。白世贞、胡晓秋、陈化飞（2018）针对国内乳制品质量安全的现状，利用统计过程控制方法（SPC），对乳制品加工的过程质量进行了分析。分析中将乳制品菌落总数作为质量控制对象，从生产过程采集原始数据样本，设计了控制图。所设计的控制图直接用于乳制品加工过程质量安全的实时控制，起到了降低风险、保证乳制品质量的作用②。孙世民、郭延景、吴强（2018）利用调查问卷的方法，对乳制品加工企业关于全面质量控制的认知与行为进行了研究。研究结果表明，受访企业对事前质量控制、部分事中质量控制（合作服务和生产环境维护）认知水平较高，在制定生产规范和维护生产环境方面行为较好，但在合作伙伴选择、原料奶验收、监控内容把握、生产档案建设和责任承担方面行为不够科学和规范。因此，为进一步提高乳制品加工企业全面质量控制的认知水平，改善乳制品加工企业全面质量控制行为，提出了政策建议，即政府应加大法规宣传力度和惩罚力度，乳制品加工企业应定期开展培训、树立供应链管理理念、加强优质奶源基地建设③。

1.2.2 乳制品质量安全风险影响因素研究

乳制品质量安全风险的影响因素众多且涉及各个方面，国内外学者从不同的研究角度对影响乳制品质量安全风险的因素进行了大量研究。从微观角度来看，乳制品本身存在或者从外部吸收的物理的、化学的或生物的污染物而产生的乳制品质量安全的风险；从供应链过程控制角度来看，乳制品质量安全问题涉及了从原料生产、加工到产品销售的完整的供应链，很多学者将上述各种类型的污染因素细化到供应链各个环节中，认为乳制品供应链各环节的不安全因素是产生乳制品质量安全风险的主要原因；从政府宏观管理角度来看，政府监管无效是乳制品质量安全问题经常发生的深层次原因。本书

---

① 张荣彬．我国乳制品产业概况及质量安全控制［J］．中国乳品工业，2017，45（2）：26－28.

② 白世贞，胡晓秋，陈化飞．基于 SPC 的乳制品加工环节质量安全控制研究［J］．保险与加工，2018，18（2）：44－49.

③ 孙世民，郭延景，吴强．乳制品加工企业全面质量控制认知与行为分析［J］．农业经济与管理，2018，47（1）：76－83.

将从以上视角对乳制品质量安全风险的影响因素进行总结。

1. 微观视角的研究

刘运荣和陆艳（2007）认为影响乳制品质量安全的主要原因是化学性污染和微生物污染，并进一步分析了这两类污染对人体健康的危害，提出了相应的政策建议①。沈伟平和徐国忠（2009）指出微生物污染或者超标、兽药残留、体细胞数量和亚硝酸盐过高及人为造假等是影响乳制品质量安全的主要因素，这些不安全因素来源于原奶的生产过程和乳制品的加工及包装过程②。王加启、郑楠、许晓敏等（2012）通过对牛奶质量安全的主要风险因素进行的研究，发现牛奶中的霉菌毒素污染、兽药、农药残留以及激素类药物残留等是影响牛奶质量安全的主要风险因子，并将这几类风险因子做了深入的分析和对比研究③。西诺里尼等（Signorini M. L. et al.，2012）运用随机模拟方法对源自阿根廷牛奶中的黄曲霉素进行风险暴露评价，研究结果表明牛奶中的黄曲霉素主要来源于奶牛所食用的玉米青贮饲料与浓缩饲料，为此应当加强对这些饲料的监测④。莱文·库尔特等（Levent K. et al.，2013）以土耳其30个乳制品企业为样本，利用失败模型和影响分析法研究了影响乳制品企业降低乳制品质量安全风险的因素，研究表明生物性风险是主要，其次是化学性和物理性风险⑤。莫塔耶米等（Motarjemi et al.，2014）认为，在乳制品由农场到消费的过程中，外部环境、农场或者工作人员都有可能对乳制品带来微生物或者化学性的污染，因此需要将这些风险控制在可接受范围内以保证乳制品质量安全⑥。安贾尼·库马尔等（Anjani Kumar et al.，2016）实证研究了尼泊尔地区对乳制品生产者采用安全措施来保障的影响因素。他们认为影响生产者实施安全措施行为的主要原因在于家庭结构、农场主的安全意识、信息的获取性、牛奶收购者的支助、市场分销模式和监测

---

① 刘运荣，陆艳．中国乳与乳制品安全问题的探讨［J］．农业工程技术（农产品加工），2007（9）：32－37.

② 沈伟平，徐国忠，张克春．影响牛奶质量安全的因素及对策［J］．上海畜牧兽医通讯，2009（2）：86－87.

③ 王加启，郑楠，许晓敏，韩荣伟，屈雪寅．牛奶质量安全主要风险因子分析 I 总述［J］．中国畜牧兽医，2012，39（2）：1－5.

④ Signorini M. L.，Gaggiotti M.，Molineri A.，et al. Exposure assessment of mycotoxins in cow's milk in Argentina［J］. *Food Chem Toxicol*，2012，50（2）：250－257.

⑤ Levent K.，Sibel O. Failure mode and effect analysis for dairy product manufacturing：Practical safety improvement action plan with cases from Turkey［J］. *Safety Science*，2013（55）：195－206.

⑥ Y. Motaijemi G. G.，Moy P. J.，Jooste L. E.，et al. Risks and Control in the food supply chain：Milk and Dairy Products［N］. Food Safety Management Academic Press，2014：83－117.

检测的力度等①。

2. 供应链过程控制视角的研究

托比亚斯·舍恩赫尔（Tobias Schoenherr，2008）通过层次分析法得出17种影响供应链安全的风险因素，并进一步将其区分为主要层和次要层，运用层次分析法评估了各种风险的重要程度②。钱贵霞、解晶（2009）基于对乳制品供应链上的质量安全事件分析的基础上，发现各个供应链条上的风险因素都会影响着乳制品的最终质量安全③。白宝光、郭文博、张加等（2013）采用正交分析法对乳制品质量安全水平多因素敏感性进行研究。结果表明，影响乳制品质量安全的主要原因包括企业单位预防成本、单位监管成本，以及造假所获得的额外利润等④。杰拉尔德·莱纳等（Gerald Reiner et al.，2013）基于数据包络方法和仿真技术对乳制品供应链内部间的物流程序与其质量的影响进行了研究⑤。陈嘉林等（Chen C. et al.，2014）对我国乳品供应链质量安全风险问题进行了研究，他们认为分散式供应链结构也是影响乳制品质量安全的影响因素之一⑥。海伦·多纳姆（Helen Dornom，2015）认为，在乳制品供应链条上的各方利益主体之间的互相博弈行为会产生各种影响乳制品质量安全风险的因素⑦。张凯、樊斌（2016）基于乳制品供应链的各个环节的影响因素分析，认为政府监管与人为安全风险对乳制品的质量安全影响贯穿于整条供应链中⑧。郭延景、孙世民（2017）认为乳

---

① Anjani K.，Ganesh T.，Joshi D. R. Adoption of Food Safety Measures among Nepalese Milk Producers Do Smallholders Benefit?［N］. IFPRI Discussion Paper 01556，2016（9）：9－53.

② Tobias Schoenherr. Assessing supply chain risks with the analytic hierarchy Process：providing decision support for the decision by a US manufacturing Company［J］. *Journal of Purchasing & Supply Management*，2008，14（2）：100－111.

③ 钱贵霞，解晶. 中国乳制品质量安全的供应链问题分析［J］. 中国乳业，2009（10）：62－66.

④ 白宝光，郭文博，张加. 乳制品质量安全水平多因素敏感性分析［J］. 食品工业科技，2013，34（20）：49－52.

⑤ Reiner G.，Teller C.，Kotzab H. Analyzing the Effcient Execution of In－Store Logistics Processes in Grocery Retailing－The Case of Dairy Products［J］. *Production and Operations Management*，2013，22（4）：924－939.

⑥ Chen C.，Zhang J.，Delaurentis T. Quality control in food supply chain management：An analytical model and case study of the adulterated milk incident in China［J］. *International Journal of Production Economics*，2014（152）：188－199.

⑦ Helen Dornom. Guide to good dairy farming practices［M］. Rome：Food & Agriculture Organization of the United Nations，2012（6）：58－65.

⑧ 张凯，樊斌. 基于供应链的乳品质量安全影响因素研究［J］. 湖北农业科学，2016，55（13）：3501－3504，3525.

制品质量是由供应链不同链条上的主体共同作用的结果，任何环节的主体出现操作不规范现象都可能造成乳制品质量安全问题[1]。栾稳稳（2018）从乳制品供应链的角度对乳制品质量安全的影响因素加以分析，指出饲料、原奶的运输与储存等种种因素都会在不同程度上影响着乳制品质量安全[2]。

3. 政府宏观管理角度

马雷森德·菲略等（Resende – Filho M. A. et al.，2012）指出供应链上游原材料的缺陷是导致食品质量安全问题的关键因素，即使政府监管部门的介入也不一定能够保障质量安全，下游企业应该以高精准的可追溯技术来避免此风险[3]。然而，绝大多数学者一致认为政府监管部门是有必要对乳制品质量安全问题进行监管，并且认为政府的监管已然成为影响乳制品质量安全的重要因素。高晓鸥、宋敏、刘丽军等（2010）认为政府监管效果是决定乳制品质量安全的重要因素，这是因为乳制品质量具备“信任品”属性，不能被价格所反映，其必然造成市场监管失灵，加上乳制品企业自身约束机制并不能完全保障所生产的产品质量的安全，因此，政府监管部门的介入就显得尤其重要[4]。陈康裕（2012）认为，政府监管部门的抽查频率、抽查力度、处罚力度与乳制品质量安全问题具有负相关关系；而单纯依赖消费者期望或者支付意愿难以影响到乳品企业的决策；因此，只有把两者结合起来才能对乳制品企业的选择起到大的影响作用，进而对乳制品供应链安全发挥良好的效果[5]。苏红梅（2014）指出，相关法律法规和标准体系建设的滞后、监管体制的不完善和检测检验体系的落后等原因影响着乳制品供应链的质量安全。该文从主客观的角度论述了微观层面的原因，最后提出预防乳制品质量安全问题的管理策略[6]。赵培瑞（2014）分析了乳制品供应链产生风险的

---

① 郭延景，孙世民．论乳制品供应链核心企业的全面质量控制行为［J］．中国乳品工业，2017，45（7）：48 – 52.

② 栾稳稳．供应链下的乳品质量安全影响因素的思考［J］．食品安全导刊，2018（9）：22.

③ Resende – Filho M. A.，Hurley T. M. Information asymmetry and traceability incentives for food safety［J］. *International Journal of Production Economics*，2012，139（2）：596 – 603.

④ 高晓鸥，宋敏，刘丽军．基于质量声誉模型的乳品质量安全问题分析［J］．中国畜牧杂志，2010，46（10）：30 – 34.

⑤ 陈康裕．政府监管与消费者监督对乳制品供应链食品安全的影响分析［D］．广州：广东工业大学，2012.

⑥ 苏红梅．乳制品供应链质量安全影响因素与管理对策研究［J］．内蒙古工业大学学报（社会科学版），2014，23（2）：31 – 35.

政策性因素，并强调乳制品监管的政策和相关标准的重要性①。

姜冰、李翠霞（2016）根据供应链管理理论研究了乳制品安全事件对行业发展造成的影响，并运用宏观数据挖掘乳品安全问题根源。他们认为，在“三聚氰胺”事件之前，引发乳制品质量安全事件的主要原因在于理、化、生指标，食品添加剂指标以及食品标签等方面；事件发生以后，乳制品质量安全问题产生的原因主要是对乳制品加工企业供应链监管的弱化。因此，从政府监管、供应链主体管理、过程控制以及推进社会共治等角度提出相应的对策建议②。白宝光、马军（2017）认为信息不对称是乳制品质量安全问题产生的根源，因此，政府干预并创新干预手段是解决信息不对称问题的有效办法，这就需要政府建立一个有效的信号指引系统以降低乳制品质量安全风险③。

1.2.3 乳制品质量安全风险预警研究

有关乳制品质量安全风险预警方面的研究，主要涉及预警指标和预警方法的研究。

1. 乳制品质量安全风险的预警指标研究

食品安全问题涉及众多影响因素，且呈现出较大的复杂性。国内外研究人员所选取的预警指标也不尽相同，但大部分是根据供应链上各环节的重要影响因子来设计指标体系的。吉斯·克莱特等（Kleter G. A. et al.，2009）基于社会新闻报道和相关文献的研究，从周围环境、食品供应链和消费者设计了一套食品安全预警指标体系④。威廉姆斯等（Williams M. S. et al.，2011）从供应链的角度分析了食品安全风险因素，并建立微生物食品安全风险预警框架⑤。张英奎、卢一墨（2013）根据供应链上各重要环节的影响因素设计了乳制品质量安全风险评价指标，并利用层次分析法确立了各个指

---

① 赵培瑞．我国液态乳制品安全监管机制问题及对策研究［D］．长沙：中南林业科技大学，2014.

② 姜冰，李翠霞．基于宏观数据的乳制品质量安全事件的影响及归因分析［J］．农业现代化研究，2016，37（1）：64－70.

③ 白宝光，马军．乳制品质量安全问题治理机制创新研究［J］．科学管理研究，2017，35（1）：75－78.

④ Kleter G. A.，MARVIN H. J. P. Indicators of emerging hazards and risks to food safety［J］. *Food & Chemical Toxicology*，2009，47（5）：1022－1039.

⑤ Williams M. S.，Ebel E. D.，Vose D. Framework for microbial food-safety risk assessments amenable to Bayesian modeling［J］. Risk Analysis，2011，31（4）：548－565.

标的权重，从而建立了一套比较完整的乳制品供应链质量安全评价体系[①]。权聪娜（2014）在利用HACCP法分析乳制品供应链内外部风险因素的基础上构建了乳制品质量安全风险评价指标体系，该指标体系选取了17个定量指标和5个定性指标[②]。石蒙蒙（2017）利用AHP与HACCP风险控制理论相结合的方法从原料乳生产、乳制品加工和分销等环节选取各个风险因子作为预警指标项[③]。曾佑新、宋斯达（2017）融合了PCA和灰色关联分析法对乳制品供应链风险进行了评估，并依此建立了乳制品质量安全风险指标体系[④]。杨玮、王晓雅、张琚燕（2018）通过分析乳制品供应链的特征和各业务环节，筛选出具体的重要预警指标，并结合层次分析法建立了乳制品冷链物流预警指标体系[⑤]。

部分学者从影响食品质量安全的微观层面选取相应的指标而建立指标评价体系。如麦克米金等（McMeekin T. A. et al.，1994）根据食品内的微生物生长、死亡以及残存的动态变化情况建立了食品中微生物变化的预测模型，用以评价食品中微生物的安全水平[⑥]。李等（Lei Li et al.，2014）通过建立含有甲烷含量、PH值、脂肪酸浓度、碱度等指标体系，用于预测预警食品废弃物的厌氧消化过程中的事故发生情况[⑦]。董笑、白宝光（2016）根据乳制品检验的主要项目，从物理性、化学性、和生物性等三个方面抽取出13个具有代表性的指标作为乳制品质量安全风险预警指标体系的基本构架[⑧]。还有一些早期的研究人员，如安特尔（Antle J.，1996）通过食品安全风险成因分析，结合市场环境与群众需求来对风险预警指标进行研究[⑨]。

---

① 张英奎，卢一墨. 基于层次分析法的乳制品供应链质量安全评价体系研究［J］. 牡丹江大学学报，2013，22（11）：141－144.

② 权聪娜. 乳制品质量安全风险评价与监管研究［D］. 保定：河北农业大学，2014.

③ 石蒙蒙. 乳制品生产企业质量安全风险控制研究［D］. 济南：山东建筑大学，2017.

④ 曾佑新，宋斯达. 基于主成分与灰色关联分析的乳制品供应链风险因素评价［J］. 中国市场，2017（9）：156－158.

⑤ 杨玮，王晓雅，张琚燕. 乳制品冷链物流预警研究［J］. 中国乳品工业，2018，46（7）：50－55.

⑥ MeMeekin T. A.，Olley J. N.，Ross T.，et al. Predictive Microbiology［J］. *Theory and Application*，1994，23（3）：241－264.

⑦ Lei Li，Qingming He，Yunmei Wei，et al. Early warning indicators for monitoring the process failure of anaerobic digestion system of food waste［J］. *Bioresource Technology*，2014，171（8）：491－494.

⑧ 董笑，白宝光. 对建立乳制品质量安全预警指标体系的探究［J］. 内蒙古科技与经济，2016（4）：27－28.

⑨ Antle J. Efficient Food Safety Regulation in the Food Manufacturing Sector［J］. *American Journal of Agricultural Economics*，1996（6）：20－25.

2. 乳制品质量安全风险预警方法研究

随着食品安全风险预警的深入研究，有关预警方法的探索越来越受到学者的青睐，并取得了丰富的研究成果。总的来说，可以把这些预警方法分为主观预警方法和客观预警方法。其中主观预警方法是指依据相关领域专家学者的知识经验来分析和判断以获取所需要的预警信息。阿尔伯特等（Albert I. et al.，2008）提出了基于专家经验通过概率推理的图形化网络模型，为食品安全监管者运用应急管控措施提供参考指示①。温特霍尔特等（Wentholt M. T. A. et al.，2010）针对新兴的食品安全风险特点，采用两轮问询的德尔菲方法进行预警研究②。安珺（2012）结合当前乳制品质量安全状况和实际需求，确定了乳制品质量安全相关的预警指标警限，运用层次分析法构建了乳制品质量安全的预警指标体系和预警分析模型，并利用2008年黑龙江省的各项乳制品质量安全数据验证了模型的实用性和可靠性③。刘芳、白燕飞、何忠伟（2015）将层次分析法和预警体系有机结合起来，建立了一种牛奶产业损害预警分析模型，并运用2004～2011年的历史数据对该模型进行检验。研究发现，经过预警模型进行评价的结果与实际情况比较吻合④。李海燕（2016）利用层次分析法建立了乳制品质量安全风险模型，并详细列出了该模型建立的基本步骤⑤。

客观预警方法主要是通过搜集所有的相关数据资料，并借助一定的数学模型来进行风险判断进而得出相应的预警结果。罗斯等（Ross et al.，2002）比较早地建立了基于食品安全指数的评估模型，用以评估食物化学物质残留对人体造成的影响⑥。瓦莱丽等（Valerie et al.，2006）将模糊综合法应用到食品供应链的早期风险评价中，并借助区间算法来衡量暴露的程

---

① Albert I.，Grenier E.，Denis J. B.，et al. Quantitative risk assessment from farm to fork and beyond：a global Bayesian approach concerning food-bornedisease［J］. *Risk Anal*，2008，28（2）：557－571.

② Wentholt M. T. A.，Fischer A. R. H.，Rowe G.，et al. Effective identification and management of emerging food risks：Results of an international Delphi survey［J］. Food Control，2010，21（12）：1731－1738.

③ 安珺. 基于层次分析法的乳品质量安全预警系统研究［D］. 哈尔滨：东北农业大学，2012.

④ 刘芳，白燕飞，何忠伟. 中国奶业损害预警模型研究［J］. 农业技术经济，2015（3）：46－53.

⑤ 李海燕. 利用层次分析法对乳制品质量安全风险的建模分析［J］. 食品安全导刊，2016（27）：57－58.

⑥ Ross T.，Sumner J. Asimple，spreadsheet-basde，food safety risk assessment tool［J］. *International Journal of Food Microbiology*，2002（77）：39－53.

度和风险[①]。邓勇（Deng Y.，2010）将模糊集理论和 Dernpster－Shafer 证据理论相结合，构建了适用于粮食安全风险评估预测模型[②]。洛可桑等（Lokosang et al.，2011）提出了一种基于顺序逻辑回归法的粮食安全预测模型，分析顺序逻辑回归法在粮食安全预测上的应用与改进[③]。韩荣伟等（2013）针对生鲜乳中兽药残留水平动态变化特征，构建了基于控制图方法的生鲜乳兽药残留超标预警、检出率异常预警和平均值标准偏差预警等动态预警方法[④]。王微双（2014）构建了基于 Logistic 回归法的乳品生产企业的原奶采购风险预警模型[⑤]。董笑、白宝光（2016）以原料乳监测的历史数据为研究对象，采取时间序列分解法对原料乳的质量安全预测进行了研究[⑥]。寇莹等（2017）为了深入研究乳制品质量安全预警预测问题，运用支撑向量机法建立了预警模型[⑦]。曾欣平、吕伟、刘丹等（2019）以乳制品质量安全风险为研究对象，从供应链角度构建了乳制品质量安全风险评价指标体系，在此基础上建立了基于可拓理论的乳制品质量安全风险评估预警模型，并通过案例应用的对比分析，验证了模型的可靠性[⑧]。何静、杨翼（2019）在对物联网环境下供应链风险识别的基础上，对乳制品供应链上各环节的风险进行识别与评估，通过风险矩阵中的 Borda 序值法对各个风险因素的大小进行了排序，并根据评价结果提出了相应的风险管控建议[⑨]。

---

① Valerie J.，Davidson，Joanne R.，Aamir F. Fuzzy risk assessment tool for microbial hazards in food system [J]. *Fuzzy Set and Systems*，2006（157）：1201－1210.

② Deng Y. Fuzzy evidential warning of grain security [C]. Proceedings of 2010 IEEE International Conference on Advanced Management Science，2014.

③ Lokosang L. B.，Ramroop S.，Hendriks S. L. Establishing a robust technique for momitoring and early warning of food insecurity in post-conflict South Sudan using ordinal logistic regression [J]. *Agrekon*，2011，50（4）：101－130.

④ 韩荣伟，郑楠，于忠娜，等．基于 Shewhart Control Chart 的生鲜乳中兽药残留风险预警方法研究 [J]．中国畜牧兽医，2013，40（S1）：12－17.

⑤ 王微双．乳制品生产企业原奶采购风险预警体系研究 [D]．哈尔滨：哈尔滨商业大学，2014.

⑥ 董笑，白宝光．基于时间序列分解法对原料乳质量安全预测的探究 [J]．食品工业，2016，37（5）：188－191.

⑦ 寇莹，李学飞，郭微．基于支持向量回归机制的乳制品质量预测 [J]．黑龙江畜牧兽医，2017（16）：4－7.

⑧ 曾欣平，吕伟，刘丹．基于供应链和可拓物元模型的乳制品企业食品质量安全风险预警研究 [J]．安全与环境工程，2019，26（3）：145－151.

⑨ 何静，杨翼．物联网环境下的乳制品供应链质量安全风险管理研究 [J]．中国乳品工业，2019，47（2）：43－47.

3. BP 神经网络在食品安全领域的应用研究

恩朱比等（D. M. Njubi et al.，2008）以观测值为研究对象，同时利用人工神经网络与多元线性回归法对原料乳的产量安全进行预测，通过对比两种方法的预测结果，得出人工神经网络对原料乳产量安全预测的结果更为精确的结论①。章德宾等（2010）建立了 BP 神经网络的食品安全预警模型，并通过实际的食品安全监测数据样本初步验证该模型的有效性，这对完善相关技术手段具有指导意义②。徐杨柳（2013）运用神经网络中的各种 BP 算法分别对食用合成色素进行预测，并对预测结果进行了比较③。塞维姆等（Sevim C. et al.，2014）分别运用 BP 网络方法、决策树方法和逻辑回归方法建立了 3 个模型的预警系统④。刘忠刚（2014）基于乳制品供应链的关键环节的乳品质量安全现状的分析，并利用某乳品企业的质量安全水平验证 BP 神经网络模型的评价效果⑤。张星联、张慧媛、唐晓纯等（2015）以蔬菜中农药残留监测数据为样本，采用 BP 神经网络法建立了农产品质量安全风险预警模型⑥。王星云（2016）以抽检数据为研究对象，设计了基于 BP 网络的食品抽检数据挖掘方法，实验表明，BP 网络算法在食品安全数据挖掘中表现出较强的健壮性和准确性⑦。王荆等（Wang J. et al.，2017）分别采用模糊分类法和人工神经网络对食品质量安全进行了评价⑧。吴为、郑婵娇、陈思秋等（2018）依据《食品安全法》、国家食药总局《食品药品安全工作考核评价细则》《广东省食品安全风险监测实施方案》《广东省食品安全工作考核评价方案》等文件资料，同时借鉴广东省卫生厅课题的研究成

---

① Njubi D. M.，Wakhungu J. W.，Badamana M. S. Prediction of second parity milk performance of dairy cows from first parity information using a artificial neural network and multiple linear regression [J]. *Asian Journal of Animal and Veterinary Advances*，2008（3）：222－229.

② 章德宾，徐家鹏，许建军，等．基于监测数据和 BP 神经网络的食品安全预警模型［J］．农业工程学报，2010，26（1）：221－226.

③ 徐杨柳．神经网络 BP 算法在食品安全中的应用研究［D］．赣州：江西理工大学，2013.

④ Sevim C.，Oztekin A.，Bali O.，et al. Developing an early warnming system to predict currency crises [J]. European Journal of Operational Research，2014，237（3）：1095－1104.

⑤ 刘忠刚．基于 BP 神经网络的乳制品质量安全评价研究［D］．哈尔滨：哈尔滨商业大学，2014.

⑥ 张星联，张慧媛，唐晓纯．基于神经网络的蔬菜农药残留风险预警模型研究［J］．中国农业大学学报，2015，20（2）：259－267.

⑦ 王星云，左敏，肖克晶．基于 BP 神经网络的食品安全抽检数据挖掘［J］．食品科学技术学报，2016，34（6）：85－90.

⑧ Wang J.，Yue H.，Zhou Z. An Improved Traceability System for Food Quality Assurance and Evaluation Based on Fuzzy Classification and Neural Network. [J]. *Food Control*，2017（79）：363－370.

果《广东省食品安全状况评价指标体系》《幸福广东食品安全评价指标—食品安全指数》，建立了“基于供应链和 BP 神经网络的区域性食品安全状况评价指标体系”框架[①]。周桢与张胜军（2019）利用 BP 神经网建立生产者支付意愿模型，并取江苏省无锡市为研究对象，通过对消费者和农户调研，进行了模拟与预测。结果表明，不能将提高消费者的支付意愿作为提高生产者的食品安全支付意愿的唯一手段，解决食品安全问题的根本途径应该是建立食品安全可追溯体系、保障食品安全信息的高效传递[②]。

1.2.4　文献评述

综上所述，国内外学者们对乳制品质量安全监管，以及风险预警的相关研究已经取得了丰富的成果，评述如下。

1. 关于乳制品质量安全监管研究

关于乳制品质量安全监管方面的研究，主要涉及的有监管方法、监管成本、监管策略、监管绩效等内容。在监管方法方面，以探讨监管方法的科学性、有效性为主；在监管成本方面，主要探讨的是如何在较低的监管资源投入下实现监管目标；在监管策略方面，主要是探讨监管的方式，并针对一些具体问题提出改进措施和解决方案；在监管绩效方面，探讨的是监管投入与监管产出/效果之间的匹配问题。

虽然学者们对上述的监管问题进行了比较深入的研究，但是，鲜见有关于乳制品质量安全监管逻辑方面的研究成果。因此，笔者就有关乳制品质量安全的监管逻辑进行探索。根据这方面研究的不足，就乳制品质量安全监管的逻辑过程、监管体制的变迁逻辑、监管机制的逻辑框架、监管体系的运行逻辑等内容展开研究。

2. 乳制品质量安全风险预警方面研究

关于乳制品质量安全风险预警方面的研究，学者们主要围绕乳制品质量安全的风险因素、预警指标体系、预警模型以及 BP 神经网络在食品安全领域的应用等方面开展了研究，这些研究成果成为本书研究的基础与支撑。然而，学者们对乳制品质量安全风险预警方面的研究还存在一些不足。比如，

---

① 周桢，张胜军．基于 BP 神经网络模型的食品安全供给分析［J］．价值工程，2019（12）：72－74.

② 吴为，郑婵娇，陈思秋，等．基于供应链和 BP 神经网络的区域性食品安全状况评价指标体系［J］．食品安全导刊，2018（1）：8－11.

一是从研究对象来看，现有文献的研究主要以食品或乳制品的供应链风险管理和风险评估为主，鲜有文献专门以乳制品自身这类特定食品的质量安全风险预警为研究对象进行深入研究。二是已有文献对乳制品质量安全风险影响因素的研究，并未进一步将其研究成果与乳制品质量安全风险预警指标体系建立起相互联系。三是对预警指标体系构建的研究中，所建指标体系的完整性不足、普适性不强。究其原因，一方面是受制于我国政府监测技术的落后，难以建立起一套完备的且适合乳制品质量安全风险预警指标体系；另一方面，相关数据资料不健全的客观事实，导致预警指标的选取在系统性、全面性与可操作性等方面难以平衡，因此，所构建的预警指标体系要么太复杂，要么太简化，难以有效地应用到风险预警管理实践中。此外，部分学者在构建预警指标体系时，所选取的预警指标大多是适用于普通食品质量安全的风险预警，所设计的预警指标体系针对某种特定食品如乳制品的实际应用存在一定的局限性。再者，在预警方法方面，学者们大多采用 Delphi Method、AHP、模糊综合评价法、逻辑回归模型、安全指数法以及控制图等。这些方法中大部分带有主观色彩，无论是构建的风险预警指标体系还是由这些方法得出的预警结果都会受着人为因素的影响，而且还难以对研究对象进行实时的风险预测。逻辑回归模型以及控制图法等传统的预警方法所具有的缺陷，如数据非线性、数据多维度等，使其很难适应乳制品安全风险的复杂因素的非线性特点，虽然一些学者不断尝试对传统的预警方法进行修正和完善，试图通过提高数据的质量来减少这些缺陷造成的影响，但是依然不能很好地解决这一问题。

近些年来，伴随着互联网技术和计算机技术的高速发展，人工智能得到广泛的关注，计算机的计算速度和能力也得到了空前的提高。学者们对人工神经网络的研究和应用也愈加丰富，并且正在逐渐改善传统预警模型的缺陷与不足，其中最具典型性与代表性的是 BP 神经网络。正是由于 BP 网络模型具备强大的非线性映射能力而被广泛引用到食品质量安全风险预警领域中。但是，BP 网络也并非万能，其自身也存在网络训练效果的不稳定性、网络收敛速度的缓慢性以及收敛的局部性等缺点，这些都会在不同程度上影响网络输出结果的精准度。

综合以上考虑，本书在充分研究和借鉴前人的研究成果的基础上，结合乳制品质量安全相关的风险预警指标的历史数据，选定算法相对比较成熟、应用较为广泛的 BP 神经网络来对乳制品质量安全风险进行预警预测，针对 BP 网络的不足，本书将引入遗传算法来优化 BP 神经网络，从而构建一种基于遗传算法优化 BP 神经网络的乳制品质量安全风险预警模型，以提高网络模型训练的稳定性和网络模型的预警结果的精准性，为防范乳品安全问题和提高政府对乳制品质量安全风险管理决策水平提供科学有效的技术手段。

第2章　相关概念界定与理论基础

2.1　乳制品质量安全监管相关概念与理论基础

2.1.1　乳制品质量安全相关概念

1. 乳制品

《乳制品工业产业政策》（2009年修订）中对乳制品定义为，以生鲜牛（羊）乳及其制品为主要原料，经加工制成的产品。包括以下种类：液体乳类（杀菌乳、灭菌乳、酸牛乳、配方乳）；乳粉类（全脂乳粉、脱脂乳粉、全脂加糖乳粉和调味乳粉、婴幼儿配方乳粉、其他配方乳粉）；炼乳类（全脂淡炼乳、全脂加糖炼乳、调味/调制炼乳、配方炼乳）；乳脂肪类（稀奶油、奶油、无水奶油）；干酪类（原干酪、再制干酪）；其他乳制品类（干酪素、乳糖、乳清粉等）。

2. 乳制品质量安全

国际标准化组织ISO 9000：2015对质量的定义是："客体的一组固有特性满足要求的程度。"根据该定义，可以将乳制品质量理解为乳制品所固有的特性满足人们食用要求的程度。从质量的定义中可以看出，人们食用乳制品并非是从产品本身获取效用，而是从产品所拥有的特性中获取效用。因此，"乳制品质量"应包括影响乳制品价值的所有特性的总和，而"安全"只是乳制品中可能对人体健康造成损害的特性。因此，本书所研究的"质量安全"是指"质量方面的安全"，这也有别于食品安全领域中传统意义上"数量安全"的概念。

世界卫生组织（WHO）将食品安全定义为："对食品按其原定用途进行制作、食用时不会使消费者健康受到损害的一种担保"。需要指出的是，食品质量安全的概念在不断发展，其涵盖的内容也一直在丰富，在不同的经济条件下、不同的社会文化背景、不同的科技水平下，不同国家对食品质量安全的概念也存在很大差距。即便在同一国家，由于收入水平不同，人们对食品质量安全的认知也不一样。在发展中国家，由于自身条件限制，设定的质量安全标准的临界值较之于发达国家宽松，对有关质量指标的检测，例如生物残留、化学残留等执行的标准较低，所以食品质量安全问题显得更加棘手。在发达国家，食品也不能保证完全的质量安全，只是规定的临界值、食品检测标准等更加严格一些，而且，有部分不安全因素由于技术的限制，还没有能够发现或者发现后没有方法对其控制，所以很难要求食品百分之百的质量安全。在国际上，食品质量安全标准不同，还会导致贸易摩擦和贸易争端，尤其是发展中国家出口到发达国家的食品，极易因质量安全标准不同给自身造成损失。

对于乳制品而言，我国学者认为，乳制品质量安全应该是乳制品中不含有任何可能损害或威胁到人体健康的有害物质或因素，不应导致消费者急性或慢性的伤害，或危及消费者后代健康的隐患。这一阐述表明，乳制品质量安全问题涉及乳制品供应链的各个环节。根据我国《食品安全法》《产品质量法》《食品卫生法》《乳制品质量标准》和乳制品的生产与消费特点，乳制品质量安全的具体含义应包括如下三个方面。

（1）卫生安全。

乳制品不能含有任何形式的对人体健康有害的成分，包括确定的或可能的危害、立刻的或长期的危害，着重强调乳制品的安全属性①。这方面的危害形式主要有：①抗生素超标。乳制品本身含有的抗生素残留随着乳制品的饮用进入人体，而对人体健康造成不良影响。②微生物超标。微生物超标会导致人体消化道致病性细菌的诱发。③加工试剂的污染。在生产加工过程中，管道和设备清洗中，清洁剂等加工试剂未完全水洗干净，误入牛奶产品。④食品添加剂污染。如乳制品中添加“三聚氰胺”等。⑤体细胞超标。

（2）营养安全。

乳制品富含蛋白质、脂肪和碳水化合物以及矿物质和维生素，为人体生长发育和维持健康提供营养物质。不同分类的乳制品和特殊人群专用的乳制品，其营养成分必须达到相应的国家标准规定的理化指标②，否则，就会造

---

① 钟真．生产组织方式、市场交易类型与生鲜乳质量安全——基于全面质量安全观的实证分析［J］．农业经济技术，2011（1）：13－23.

② 钟真，孔祥智．中间商对生鲜乳供应链的影响研究［J］．中国软科学，2010（6）：68－79.

成因食用乳制品而营养不良，对人体造成危害。

（3）包装安全。

乳制品包装安全指通过包装，使乳制品在其包装内实现保质保量的技术性要求。包装材料必须对人体无毒无害，具有稳定的化学性质，不能和乳制品的各种组成成分产生任何反应，保证乳制品的质量及营养价值。包装应具有良好的密封性和足够的保护性能，保证乳制品的卫生及清洁，确保在储存和运输时不被其他微生物污染，同时符合一定的微生物标准。

2.1.2 乳制品质量安全监管

1. 政府监管的一般性解释

“监管”一词源于英文 regulation，其基本含义是指某个主体为了使某事物正常运转，基于一定法律法规对该事物进行的控制与调节。在我国的学术界，regulation 有三种不同的译法，一是政府管理部门和行政学家多称“监管”，意在强调政府的监督管理作用而非直接行政命令；二是经济学家则偏爱称“管制”，突出政府干预对自由市场经济运行的影响；三是法学家们习惯称“规制”，他们更加看重 regulation 必须以法律法规作为其正当性和合法性的来源。在不同的文献中，如果没有特别的说明，监管、管制和规制的含义是一致的。

政府监管，就是行政机关依靠所制定的法律或行政规章，主要对市场经济中的企业进行直接干预的行为，目的是保护劳动者和消费者的安全、健康、卫生以及保护环境、防止灾害等。政府对企业主体行为的改变，依靠的是政府的强制能力；也就是依据有关的法规，通过检查、许可或认证的方式，对企业的有关经营决策活动施加直接的影响。监管的构成要素包括监管的主体、被监管的客体，以及监管的依据和手段。监管的主体一般都是政府行政部门，或者通过法律的形式授予某些机构履行政府行政监管的职能。监管的客体一般都是市场经济中的企业，主要是企业中的一些政府认为应该监管的行为。监管的依据是明确的法律或行政规章对监管行为的具体规定。监管的手段主要是依靠强制性的行政许可、检查或者制裁来执行。

政府监管分为经济性监管与社会性监管。经济性监管是指政府通过价格、产量、进入与退出等方面对企业决策所实施的各种强制性制约，目的是防止发生资源配置低效率和确保利用者的公平利用。社会性监管是指政府对产品和服务的质量和伴随着提供他们而生产的各种活动制定一定的标准，目的是保护劳动者和消费者的健康和安全。经济性监管和社会性监管的差异如表 2－1 所示。

表 2－1　　经济性监管和社会性监管的差异比较

相关要素	经济性监管	社会性监管
理论基础	纠正市场失灵	克服传统法制过于机械的缺陷
政策目标	确保竞争性的市场条件	限制可能危害到公共健康、公共安全或社会福利的行为
政策工具	市场准入控制；价格调控；产量调控	制度设置；确立标准；奖惩机制；执行系统
政策对象	公司企业行为	个人、企业以及基层地方政府行为
案例	电信、航空、邮政等网络型产业	食品药品安全、控制环境污染、生产和交通安全

资料来源：Lester M. Salamon（eds）. *The Tools of Government：A Guide to the New Governmance*［M］. New York：Oxford University Press，2002：117－186.

2. 乳制品质量安全监管

乳制品质量安全监管是指政府为了确保市场上的乳制品质量处于安全状态，利用各种监管手段对乳制品的生产经营者及其行为进行的规范、约束以及控制的活动。这种活动的本质特征就是其强制性，实际上就是一种行政权力的强制应用。如果没有这些行政权力的强制应用，其监管的有效性就会受到极大的影响，因而，乳制品质量安全监管必须建立在强制性的基础上。乳制品质量安全的监管主体是政府，包括立法机关、司法机关和行政机关。当然，对监管主体还有一种广义的认识，认为除政府组织外，监管主体还应该包括非政府组织（含社会中介组织）。持这种观点的理由是，认为社会经济的结构是多元的，与社会的结构相适应，监管的主体也应该是多元的。但是，这些社会中介组织在权力的合法性、社会地位、监管手段、监管效力等方面与政府组织相比存在巨大差异，因此，本书主要关注的是政府监管部门，而将中介组织、行业协会、大众传媒等作为监管的辅助机构来看待。

2.1.3 政府监管的理论基础

为什么会出现监管？监管的起源与目标是什么？对于市场经济而言，政府监管是否必要？对于这些问题，学者们纷纷进行研究并给出不同的答案；

而且，不同领域的学者站在各自的角度提出了不同的观点。本书的研究基于对学者们研究结果的分析，更多地采纳了刘鹏（2009）对于政府监管研究的总结，将监管理论归纳为公共利益理论、利益集团理论、监管政治理论、制度主义理论以及观念推动理论①。

1. 公共利益理论

公共利益理论（public interest theory）认为，政府监管能够纠正市场失灵，进而维护社会公共利益，提高社会福利。这也是监管型国家存在的正当性与合法性理由。因为，它们认为市场经济是有缺陷的，而且，这些缺陷仅靠市场本身的市场机制是难以克服的，需要通过政府实施的监管职能加以解决。具体而言，市场经济中存在的缺陷以及政府实施监管的理由如下。

（1）市场中存在的信息不对称问题。

信息不对称现象在现实生活中广泛存在，尤其是对于信用品特征明显的乳制品的质量安全问题，消费者几乎处于完全的信息不对称状态，这显然给具有信息优势的乳制品生产经营方实施机会主义行为创造了条件。对这种因信息严重不对称而带来的损害消费者利益的社会经济问题，只能由掌握整治社会秩序公权力的政府介入，以社会管理者的身份进行强力干预。

（2）市场存在的垄断问题。

现实中由于技术或资源禀赋的原因，在原本竞争激烈的行业中出现了严重的垄断现象，形成了自然垄断型产业。这些垄断型产业的存在会扭曲市场竞争的基本规则，会破坏资源的最优配置原则，使得资源配置难以实现帕累托最优；还会迫使消费者承担不必要的成本和风险。市场的“看不见的手”对于改善这种状况是无能为力的，只能借助于政府的公共权力，通过立法等手段来防范垄断、保护竞争。也就是说，通过政府监管可以达到防止垄断，并推动市场竞争的目的。

（3）外部性问题。

市场竞争会带来外部性问题。外部性具有非排他的公共物品特点，市场机制对它不起作用，就是说，诚实的生产厂商不能因为正外部性带来了利益而可以获得额外的收益；不诚实的生产厂商也不可能因为负外部性造成的危害而必须付出代价。因此，需要借助于政府的力量，依靠行政和法律手段，通过实施“外部效应”内部化的处罚机制进行干预。

公共利益理论在一定程度上解释了监管的起源与发展。但是，公共利益

---

① 刘鹏．西方监管理论：文献综述和理论清理［J］．中国行政管理，2009（9）：11－15.

理论并未给出有关公共利益概念的界定，也未能解释政府为什么将公共利益置于优先目标，也未能证明政府监管是克服市场失灵的最佳途径。

2. 监管俘获理论

监管俘虏理论（capture thoery of regulation）认为，监管总是有特定的监管者，而监管者（包括立法者）可能被利益集团所“俘获”，按照利益集团的要求进行监管。

从 19 世纪末到 20 世纪中叶，公共利益理论一直作为政府监管的主要理论依据，到了 20 世纪 70 年代，在经济学与公共管理领域逐渐出现了一些学者对公共利益理论的观点提出质疑。他们认为政府的主要监管对象是企业，而企业的目标是追求利益最大化，并且，企业为了实现自身的利益会实施机会主义行为，这些行为对于政府监管会产生很大的影响；而对于监管主体的政府而言，其本身也存在自利的动机。因此，这些学者认为政府监管就是基于利益集团对于监管的需求而产生的，即有着自利动机的政府监管机构迟早会被利益集团所控制或俘获①。因此这种监管俘获理论也被称为监管的利益集团理论。

经济学家乔治·施蒂格勒（George Stigler）在 1971 年发表的论文《经济监管的理论》中指出“某些经济集团运用公共权力或资源来提升它的经济地位，这正是政府监管的需求来源，而政府也能够通过政治过程赋予利益集团获得相关的监管政策，这就是政府监管的供给过程”“经济监管理论的核心使命就是发现监管过程的受益者或受害者、政府监管的具体形式以及对社会资源分配的影响”②。施蒂格勒甚至把政府监管视为政府与产业利益集团的一种利益交换过程，这种观点奠定了监管俘获理论的基本框架和基调。

经济学家佩尔兹曼（Peltzmann）在 1976 年发表的论文中指出，被监管产业之所以具有俘获政府监管者的强大动力，根源在于监管者拥有如何分配垄断利润的权力，因此相关的利益集团具有巨大的利益动机去影响垄断利润的分配，此外作为监管者的政府也可以通过各种形式参与这个分配过程。如果被监管企业之间的利益分化越严重，竞争越激烈，它们与监管者进行谈判的合力就越弱，因此必须通过建立各种产业组织和行业协会机构来与政府进行分利协商③。佩尔兹曼对监管俘获理论的发展做了贡献，他将研究重点从监

① W. Viscusi Kip, John M. Vernon, Joseph E. Harrington, Jr. *Economics of Regulation and Aantitrust* [M]. Boston: The MIT Press, 1995: 34.

② George J. Stigler. The Theory of Economic Regulation [J]. *Bell Journal of Economics*, 1971 (2): 3.

③ Peltzman S. Toward a More General Theory of Regulation [J]. *Journal of Law & Economics*, 1976, 19 (2): 241 -244.

管结果转向监管过程，深化了监管俘获理论对政府监管起源的理论解释。

还有一些学者根据自己对监管起源的研究，提出了如下新的理论观点。

（1）生命周期理论。该理论观点认为政府监管机构的建立与发展，类似于生物体的生命周期，在建立初期还能够独立地行使监管的职能，但是，到后期就会逐渐被利益集团所俘获。

（2）合谋理论。该理论观点的假设是，政府监管机构自建立开始就与某些利益集团合谋，认为监管机构与利益集团是相互利用、相互增益的。因此，监管机构被俘获不是从政策执行，而是从政策制定阶段就已经开始。

相比而言，监管俘获理论并不同意公共利益理论暗含的“监管者无私论”假设。监管俘获理论能够比较好地解释监管失灵现象，对监管的起源与发展也具有一定的解释力。但是，它将政府监管机构假设成几乎完全被动接受利益集团游说的组织，并且将政府的利益目标简单化为经济利益一项，有悖常理。现实中政府的自利目标是多重的，比如，权力巩固、公共权威、选票最大化以及国际竞争等。此外，按照监管俘获理论的观点，监管对于监管者的政府和被监管者的企业均是有益的，那么在逻辑上政府和企业都应该支持加大监管力度。然而，包括我国在内的许多国家，都曾进行过“放松监管”的改革，即政府与产业集团都希望能减少不必要的监管，这似乎与该理论的观点存在一定的冲突。

3. 监管政治理论

监管政治理论（regulatory politics theory）是在公共利益理论与监管俘获理论的基础上发展起来的。监管政治理论认为，公共利益理论与监管俘获理论似乎都把监管者的政府假设为一个被动的角色。这引发了政治学和公共行政学领域学者的反思，他们认为这种假设对于国家在监管过程中的角色和职能过于简单化了，因而提出了突显国家主导作用、并协调公共利益理论和监管俘获理论的监管政治理论。

监管政治理论的观点是国家在监管过程中能够保持其相对的独立性和主导作用，政府监管既不是单纯服务于纯粹的公共利益，也不会完全被利益集团所俘获，而是在公共利益、利益集团以及政府自身利益之间寻求某种策略性平衡，监管会随着成本与收益在不同利益之间的分配状况而呈现出不同的类型。例如，美国著名的政治学者詹姆斯·威耳孙（James Wilson）根据监管政策的成本与收益在不同利益群体之间的分布状况，将监管政治区分为四种类型，即多数主义政治（majori-tarian politics）、利益集团政治（interest group politics）、代理人政治（client politics）以及企业家政治（entrepreneurial politics)，如表 2 – 2 所示。在他看来，监管俘获理论描述的只不过是其中的一种类型而已。此外，他还认为，除了公众和利益集团之外，其他的一些利益主体，比如政治家、官僚以及技术专家对监管过程也有着十分重要的影响[①]。

表 2 – 2　　　　监管政治的四种不同类型

成本—收益分布状况	监管政治类型
两者均分散分布	多数主义政治
两者均集中分布	利益集团政治
成本分散分布、收益集中分布	代理人政治
成本集中分布、收益分散分布	企业家政治

还有一些学者通过实证分析的方法研究了食品、药品以及电信等产业的监管改革情况，结果发现政府在监管政策过程中带有明显的意识形态倾向和政治考量，能够起到监管的主导作用。并且政府在满足相关利益集团诉求的同时，也在谋划着自己的政策议程。这些研究证明了监管政策在本质上就是国家政治逻辑的行动体现。

虽然监管政治理论对监管的起源与发展也有一定的解释力。但是该理论未能给出政府在利益集团的游说面前始终能够保持独立性和主导作用的理由；未提及监管政治过程中各方利益的策略性平衡如何界定；也未阐明政府监管过程中的成本与收益分布的集中度和分散度如何衡量。这些模糊不清的问题给监管政治理论能否进一步完善和发展造成了障碍。

4. 制度主义理论

前文所述的公共利益理论、监管俘获理论以及监管政治理论，在方法论上都具有比较鲜明的理性选择主义色彩，而从 20 世纪 80 年代开始，随着新制度主义（institutionalism theory）的逐渐兴起，一些学者开始对这种基于简化主义的理性选择方法提出挑战，他们更倾向于把政治行为看作是个体与制度互动的结果。在新制度主义者看来，作为一种政治行为的政府监管，既不是由单纯的公共利益观所推动，也不是不同集团之间利益谈判的结果，而是特定制度环境下的必然产物，各个行动主体的偏好都是由一定的制度环境所

① James Q. , Wilson. *The Politics of Regulation* [M]. New York: Basic Books, 1980: 357 – 94.

塑造出来的①。因此，研究政府监管的起源及发展，正式的制度安排、组织结构以及非正式的文化观念、历史传统等，都必须成为不可或缺的考察因素。例如，学者汉切（Leigh Hancher）和墨郎（Michael Moran）就曾经在一篇关于经济性监管研究的论文中提出，我们不能简单地根据对公共利益或私人利益的人为区分来研究监管，而应当从一个制度化的视角出发，对不同的利益主体在制度化的“监管空间”中的相对位置进行研究。

从某种意义上看，包含着制度安排、组织资源、价值观念以及历史传统等要素在内的“监管空间”，是制约着监管行为过程的根本因素。他们指出，“监管空间不仅仅聚焦于那些介入监管活动的行为主体，更看重那些推动利益网络出现和发展，以及有助于建立主体间制度性联系的结构性因素”。该理论提出之后，一批政治学者、社会学者以及法学者都运用该理论来分析一些监管改革的经验现象。一些学者虽然明确指出了该理论的一些局限，但对其分析监管政策的过程和本质的效度仍然予以充分肯定②。

与前三种理论相比，制度主义理论强调政府监管行为决定于宏观制度环境。这种观点虽然丰富了监管起源与发展的理论依据，但是，学者们观察发现该理论的解释力的局限性还是比较大。以欧盟为例，欧盟国家的制度环境是类似的，然而不同国家的监管改革却呈现出很大的差异性，制度主义理论对产生的这种差异现象却无法给出合理的解释。因此，我们是否可以认为，过分强调将宏观的社会制度环境作为分析对象，而忽视对个体组织或微观制度机制的分析，是导致制度主义理论缺乏说服力的重要原因。

5. 观念推动理论

前述的四种理论实际上都暗含着一个基本假设，就是认为监管的发起是因为人类的某种需求需要一种手段来满足，就是说，这些理论都具有浓厚的结构功能主义色彩，都没有将思想性的价值观念纳入研究的考察范围。然而，在20世纪80年代后许多西方国家开始发起的一场放松监管的改革运动，促使人们对监管有了更多的反思，一些学者提出这场监管改革运动与其说是由一系列的结构因素决定的，不如看作是源自知识阶层的一

① James G. , March and Johan P. Olsen. The New Institutionalism: Organzational Factors in Political Life [J]. *American Political Science Review*, 1984, 11 (78): 734 – 749; Brian Levy and Pablo T, Spiller. *Regulations, Institutions, and Commitment: Comparative Studies of Telecommunications* [M]. Cambridge: Cambridge University Press, 1996; Black J. New Institutionalism and Naturalism in Socio – Legal Analysis: Institutionalist Approaches to Regulatory Decision Making [J]. *Law & Policy*, 2010, 19 (1): 51 – 93.

② 刘鹏. 西方监管理论：文献综述和理论清理 [J]. 中国行政管理，2009 (9)：11 – 15.

系列价值观念所触发的[①]。例如，有学者研究发现，美国里根政府时代的放松监管改革并不是相关利益集团游说的结果，而是一些经济学家和知识分子提出的以牺牲少数生产商利益来使得广大消费者群体获益的经济理性主义所引发的；而欧洲国家的改革也不例外，新古典主义经济思想的复兴起到了很大的作用。他们坚持认为，虽然政客官僚能够对这些思想观念进行某种程度的重塑，但他们至少在公共场合运用大众媒体，用这些思想观念来为自己政策的合理性进行辩护[②]。

当大部分学者都把眼光盯着理性选择、制度约束等结构性因素的时候，观念推动理论（idea force theory）的学者们则另辟蹊径，将监管过程中的意识观念因素挖掘出来，让人觉得耳目一新，它的贡献和价值显而易见，启发人们对意识观念因素在监管改革中所起的软性作用予以更多的重视和关注。然而，该理论最致命的缺陷则在于很难证明意识观念因素的自足性，即如何证明意识形态观念相对于利益选择、制度规范等因素而所具有的相对独立性；而且，该理论不能解释为什么有些意识观念能够开花结果，变成现实的政策，而另一些意识观念则只能被束之高阁，无法兑现为政策选择。

上述五种监管理论均来自国外学者的研究，是对监管现象最一般意义上的探讨，各自的视角和侧重点不同，因此，很难说哪一个更全面、更深刻。希望这些理论对我国监管事业的改革与发展能够起到借鉴与指导作用。

2.2　乳制品质量安全风险预警相关概念与理论基础

2.2.1　预警相关概念界定

1. 预警的概念

预警，顾名思义，“预”即是预先、事先；“警”即是警告、警示。预警就是指对事物未来的发展演变趋势进行预测，通过对一些可能出现的异常

① Hood C. Explaining economic policy reversals [J]. *Open University Press Howard Michael*, 1994: 19-36; Richard A., Harris & Sidney M. Milkis. The Politics of Regulatory Change: A Tale of Two Agencies. New York: Oxford University Press, 1996: 18.

② Helen Wallace, William Wallace, Policy. making in the European Union [M]. Oxford: Oxford University Press, 1996: 22-24.

情况或风险进行汇集、分析和测算，并以此为依据对不正常情况或风险的时空范围和危害程度进行预告以及提出相应的防范或消解措施①。预警一般包括两层含义：一是通过对事件的常规监测，对事件的状态或变化进行风险评估和判断；二是事件因风险因素的累积或突变而引发的危机，对危机进行控制并消除危机。从政府监管的角度来看，预警的目的在于政府监管部门能够对可能发生的乳制品质量安全风险问题进行分析，能够在乳制品不安全事件发生前给予及时地、准确地警示或预报，真正做到防患于未然，从而减少甚至避免对消费者造成的健康危害和经济损失。

一般而言，预警的结果将会有两种状况：第一种是事物沿着正常轨迹发展，这种状态表示事物处于安全的状态，从而不会造成较大的损失，所以无须发出警告或警示，这种结果即是“无警”；第二种是事物偏离正常的轨迹运行，处于即将招致较大的损失且损失后果超出人们承受能力范围的趋势，此种结果即为“有警”。乳制品质量安全的无警的概念是指乳制品质量水平处于安全状态，消费者正常食用乳制品不会对人们的身体健康产生危害或者潜在的危害。所谓的乳制品质量安全的有警就是指乳制品质量水平处于不安全的状况，若消费者食用就会对人体造成伤害，这需要监管者发出警告、警示。换言之，政府监管部门需要根据乳制品质量安全状况来确定警情、预报警度，以引起生产者和消费者的关注，督促监管者施加防范措施并适时控制，通过预警有效预防和治理乳制品质量安全风险，将危害和损失降低到最低水平。乳制品质量安全的警情是用来说明乳制品质量水平致使消费者的损失程度和范围大小等基本情况。并且，根据警情的严重程度，可将有警的状态划分为重警、中警、轻警和无警等，在实践中，通常采用指示灯的标识法来直观地反映警情的大小。本书采用以上四级警度对乳制品质量安全风险警情状况进行了区分。

2. 乳制品质量安全风险预警

结合以上相关概念的内涵，本书所指的乳制品质量安全风险预警，是指以信息经济学和风险预警理论为基础，通过对能够反映乳制品质量安全水平状况和发展态势的相关因素、指标进行科学的分析、评估与预控，对可能出现的问题提前、及时、准确地发出警报的过程。其作用和意义在于它能够使政府监管部门和机构、乳制品生产者与消费者有效预知乳制品质量安全问题，在风险发生之前就能及时采取防范措施，消除隐患，从而最大限度地降

---

① 黄冠胜，林伟，王力舟，徐战菊．风险预警系统的一般理论研究［J］．中国标准化，2006（3）：9－11.

低甚至避免对消费者的健康危害和经济损失。

2.2.2　相关理论基础

1. 逻辑预警理论

预警是一个较为复杂的过程，但是，所有的预警逻辑顺序基本上都具有一定的相似性。总的来说，预警过程主要由以下几个部分组成，即明确警义、寻找警源、分析警素、确定警度、探讨警级①。乳制品质量安全风险预警过程同样也符合以上逻辑，其主要步骤如下：

（1）研究乳制品质量安全的现状，明确警义。

明确警义就是确定预警对象，是预警的起点。目前，我国的乳制品质量安全水平得到大幅提升，《中国奶业质量报告（2019）》显示，2018 年我国乳制品抽检合格率达到 99.7%，比 2017 年提高了 0.5 个百分点，但总体形势还不容乐观。乳制品质量安全事件不断被媒体曝光，凸显了当前乳制品质量安全的严峻形势，更揭露了我国政府监管部门的乳制品质量安全管理的不足。因此，应尽快将“预防为主”的风险管理理念贯穿到乳制品质量安全管理实践中，从而在根本上提升我国乳制品质量安全风险管理水平。鉴于此，本书把乳制品质量安全风险作为预警的对象。

（2）分析产生乳制品质量安全风险的原因，寻找警源。

警源是指影响警情要素发生变化的原因，是发生警情的根源。寻找并判断警源就是跟踪、累积和挖掘一切与警情相关的不利影响因素，分析其影响路径和影响机理。影响乳制品质量安全风险的因素有很多，如何从众多复杂的影响因素中挖掘出乳制品质量安全风险的主要影响根源，是寻找警源的核心。本书则是从乳制品生产加工环节选取了影响乳制品质量安全风险的关键因素作为主要影响根源，并将在后面的章节中对此做深入的分析。

（3）建立乳制品质量安全风险预警指标体系，分析警素。

警素就是反映警情的指标，选择和确定警素是进行预警的关键所在。通过对影响乳制品质量安全的关键因素分析，根据全面性、科学性、代表性、重要性等原则建立乳制品质量安全风险预警指标体系。将预警指标体系和恰当的预警方法相结合形成预警模型，运用预警指标的历史数据来验证模型的准确性和有效性。

---

① 杨艳涛．加工农产品质量安全预警与实证研究［D］．北京：中国农业科学院，2009.

（4）确定乳制品安全度，研究警度。

警度是用来衡量警情的有无以及严重程度的概念，是预警处理的判断依据。通过乳制品质量安全风险预警模型计算并结合统计分析和专家经验对乳制品安全警情进行评定，设置各等级的阈值范围，来确定警级和警限，并及时向不同的接收对象发出预警预告信息，以做出相应的措施，尽力避免可能带来的各种负面影响。

以上乳制品质量安全风险预警的逻辑过程如图 2－1 所示。乳制品质量安全风险的逻辑预警过程实际上就是一个综合信息分析处理的过程，通过收集和处理乳制品质量安全风险预警指标数据信息，运用相应的预警模型和数理统计方法来分析乳制品质量安全问题发生的警兆，综合判断乳制品质量安全问题的危害程度以及所采取的针对性的防控措施。

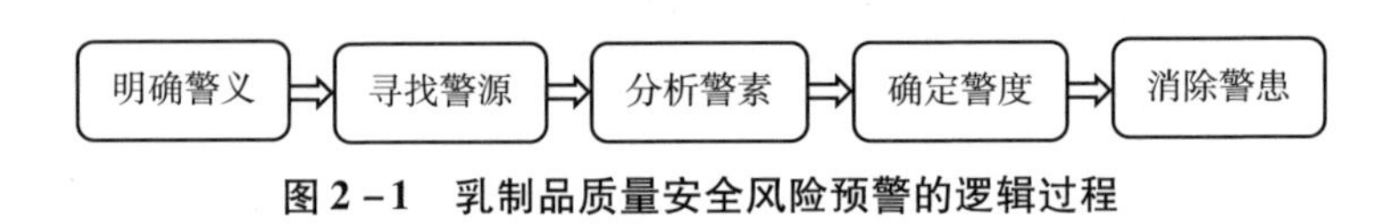

图 2－1　乳制品质量安全风险预警的逻辑过程

2. 风险分析理论

风险分析的概念是在 1991 年世界卫生组织（WHO）和世界粮农组织（FAO）于罗马召开的关于食品安全标准、食品化学物质以及食品贸易的会议上首次提出，并得到国际社会一致认可的管理食品安全的重要理念。历经 WHO/FAO 先后召开的三次联合专家咨询会议，最终形成了风险分析原理的基本理论框架①。在食品安全风险管理研究中，食品安全风险分析是在基于对食品中可能存在的危害进行预测的基础上，实现规避风险或者采取弱化危害影响的措施。该理论体系主要由三个部分组成，即风险评估、风险管理和风险交流。三者之间联系紧密，互为前提，其关系可用图 2－2 表示②。

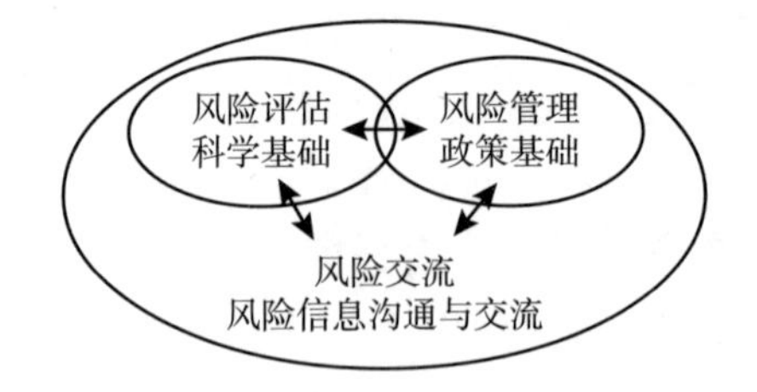

图 2－2　风险分析的组成部分及相互关系

① 赵燕滔．食品安全风险分析初探［J］．食品研究与开发，2006（11）：226－228.

② 姚建明．基于风险分析原则的食品安全监管体系研究［D］．广州：华南理工大学，2010.

风险评估是指利用已有的数据资料，采用定量和定性的研究方法，对潜在风险的可能性进行科学的评价，它是风险分析过程的核心与基础。风险评估结果的科学性与客观性将会对风险分析的顺利实施起着决定性作用。风险评估的基本内容由危害识别、危害描述、暴露评估、风险描述四个部分构成。风险管理主要是风险评价与管理决策，它是基于先前的风险评估的结果，对察觉到的风险而采取的合理的预防措施和风险管理方法。当有风险发生时，风险管理可以迅速提供预警方案，及时做出应对策略；在风险弱化的情况下，可采取降低预警程度和预警范围的措施；当风险得到控制且危害消失时，应当及时解除警报。风险管理侧重点在于制定各种情形下的预警策略，同时监督和检验预警策略的执行情况以及对风险管理的效果进行科学的评价。风险交流是与各方风险相关者的信息共享机制，贯穿于整个风险分析的全过程。其强调风险信息的互动与沟通，只有在充分的风险信息交流之后，才能更有效地贯彻落实风险管理决策，并在决策的实施过程中进一步修正和完善风险管理决策。

乳制品质量安全风险管理是食品风险管理的一部分，其含义是在乳制品生产和消费过程中，政府监管部门、乳制品企业和生产者对乳制品质量安全风险进行评估和判断，并根据是否产生危害安全的风险和风险的程度大小来选择相应的管理技术或者由政府监管部门的监管政策引导，以有效降低乳制品质量安全风险发生的可能性为目的，减小对消费者的健康伤害和经济损失。

3. BP 神经网络理论

（1）BP 神经网络的定义。

BP 神经网络（Back-propagation neutral network）是由 D. E. Rumelhart 和 J. L. McCelland 及其团队在 1986 年设计出的一种误差逆向传递的多层前馈式神经网络，也是迄今为止应用最广泛、最具代表性的网络算法。BP 神经网络一般由输入层、输出层和一个及以上的隐含层构成，相邻两层之间各神经元采用全互联方式连接，即上层的每个神经元与下层的每个神经元都实现全连接，而同层之间无任何连接。经典的三层 BP 神经网络的结构，如图 2－3 所示[①]。

其中，x_j 为输入层第 j 个节点的输入信息，$j=1$，…，M；$W_{i,j}$表示隐含层第 i 个节点到输入层第 j 个节点之间的权值；θ_i 表示隐含层第 i 个节点的阈值；ϕ 表示隐含层的激励函数；$W_{k,i}$表示输出层第 k 个节点到隐含层第 i 个节点之间的权值，$i=1$，…，q；a_k 表示输出层第 k 个节点的阈值，$k=1$，…，L；ψ

① 温正，孙华克. MATLAB 智能算法［M］. 北京：清华大学出版社，2017（9）：28－30.

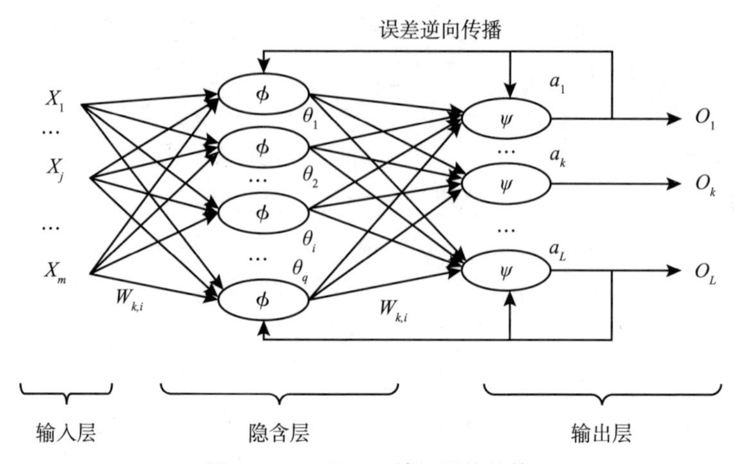

图 2-3 三层 BP 神经网络结构

表示输出层的激励函数；O_k表示输出层的第 k 个节点输出。BP 神经网络的基本思路是信号的前向计算和误差的反向传递，即信号从输入层经隐含层逐层计算并传向输出层。如果输出层得不到期望输出结果，转入误差沿原来路线反向传递，逐次调整各层的连接权值和阈值，直至到达输入层。如此反复进行，各层权值的阈值正是在误差反向传播过程中不断调整，直到网络误差最小化或满足要求为止，其本质在于求解误差函数的最小值问题。

（2）BP 神经网络的学习。

BP 神经网络的学习过程包括两个阶段：一是输入信号正向传播，即将已知的学习样本输入网络，通过设置的网络结构和前一次迭代的权值与阈值，从网络的第一层依次向后计算各个神经元的输出值；二是误差信号的反向传播，即从网络最后一层向前依次计算各权值和阈值对总误差的影响，并据此对各个权值和阈值进行修正。以上这两个过程反复交替进行，直到达到网络收敛为止。现根据图 2-3 中的参数，以三层 BP 神经网络为例对 BP 算法的计算过程进行推导如下：

①输入信号正向传播阶段。

隐含层第 i 个节点的输入为 net_i：

$$net_i = \sum_{j=1}^{M} w_{ij}x_j + \theta_i \tag{2.1}$$

隐含层第 i 个节点的输出为 O_i：

$$O_i = \phi(net_i) = \phi(\sum_{j=1}^{M} w_{ij}x_j + \theta_i) \tag{2.2}$$

输出层第 k 个节点的输入为 net_k：

$$net_k = \sum_{i=1}^{q} w_{ki}y_i + a_k = \sum_{i=1}^{q} w_{ki}\phi\left(\sum_{j=1}^{M} w_{ij}x_j + \theta_i\right) + a_k \tag{2.3}$$

输出层第 k 个节点的输出为 O_k：

$$O_k = \psi(net_k) = \psi\left(\sum_{i=1}^{q} w_{ki}y_i + a_k\right) = \psi\left[\sum_{i=1}^{q} w_{ki}\phi\left(\sum_{j=1}^{M} w_{ij}x_j + \theta_i\right) + a_k\right] \tag{2.4}$$

②误差信号的反向传播阶段。

当网络实际输出与期望输出不相符时，利用误差梯度下降法对网络连接权值和阈值进行修正，使修正后网络的最终输出值接近于期望输出值。

对于每个样本 p 的二次型误差准则函数 E_p 为：

$$E_p = \frac{1}{2}\sum_{k=1}^{L}(T_k - O_K)^2 \tag{2.5}$$

系统对 p 个训练样本的总误差准则函数为：

$$E_P = \frac{1}{2}\sum_{p=1}^{P}\sum_{k=1}^{L}(T_k^p - O_k^p)^2 \tag{2.6}$$

根据误差梯度下降法对网络连接权值和阈值进行修正，其中 Δw_{ki} 代表输出层权值的修正量、Δa_k 代表输出层阈值的修正量、Δw_{ij} 代表隐含层权值的修正量、$\Delta\theta_i$ 代表隐含层阈值的修正量。

输出层权值调整公式为：

$$\Delta w_{ki} = -\eta \frac{\partial E}{\partial O_k}\frac{\partial O_k}{\partial net_k}\frac{\partial net_k}{\partial w_{ki}} \tag{2.7}$$

输出层阈值调整公式为：

$$\Delta a_k = -\eta \frac{\partial E}{\partial O_k}\frac{\partial O_k}{\partial net_k}\frac{\partial net_k}{\partial a_k} \tag{2.8}$$

隐含层权值调整公式为：

$$\Delta w_{ij} = -\eta \frac{\partial E}{\partial y_i}\frac{\partial y_i}{\partial net_i}\frac{\partial net_i}{\partial w_{ij}} \tag{2.9}$$

隐含层阈值调整公式为：

$$\Delta \theta_i = -\eta \frac{\partial E}{\partial y_i}\frac{\partial y_i}{\partial net_i}\frac{\partial net_i}{\partial \theta_i} \tag{2.10}$$

又因为

$$\frac{\partial E}{\partial O_k} = -\sum_{p=1}^{P}\sum_{k=1}^{L}(T_k^p - O_k^p) \tag{2.11}$$

$$\frac{\partial net_k}{\partial w_{ki}} = y_i;\quad \frac{\partial net_k}{\partial a_k} = 1;\quad \frac{\partial net_i}{\partial w_{ij}} = x_i;\quad \frac{\partial net_i}{\partial \theta_i} = 1$$

$$\frac{\partial E}{\partial y_i} = -\sum_{p=1}^{P}\sum_{k=1}^{L}(T_k^p - O_k^p)\cdot\psi'(net_k)\cdot w_{ki}$$

$$\frac{\partial y_i}{\partial net_i} = \phi'(net_i);\quad \frac{\partial O_k}{\partial net_k} = \phi'(net_k)$$

所以最后得到的公式为：

$$\Delta w_{ki} = \eta\sum_{p=1}^{P}\sum_{k=1}^{L}(T_k^p - O_k^p)\cdot\psi'(net_k)\cdot y_i \tag{2.12}$$

$$\Delta a_k = \eta\sum_{p=1}^{P}\sum_{k=1}^{L}(T_k^p - O_k^p)\cdot\psi'(net_k) \tag{2.13}$$

$$\Delta w_{ij} = \eta\sum_{p=1}^{P}\sum_{k=1}^{L}(T_k^p - O_k^p)\cdot\psi'(net_k)\cdot w_{ki}\cdot\phi'(net_i)\cdot x_j \tag{2.14}$$

$$\Delta \theta_i = \eta\sum_{p=1}^{P}\sum_{k=1}^{L}(T_k^p - O_k^p)\cdot\psi'(net_k)\cdot w_{ki}\cdot\phi'(net_i) \tag{2.15}$$

（3）BP 神经网络学习算法的实现步骤。

一般 BP 神经网络学习算法的实现主要包括以下四个步骤：

第一步，网络初始化和设计学习参数。网络参数的设置包括输入层、输出层的神经元数量，输入层神经元个数一般与样本数据的指标数量相等，输出层神经元个数通常和数据类型相等，隐含层的层数及神经元个数，权值的初始化设置，学习率的设定，连接函数的选取等。

第二步，前向传播运算。将输入层的数据信息和设置的权重值通过连接函数进行激活运算得到隐含层神经元的值，再经过隐含层的计算得出输出层神经元的值。

第三步，比较总误差值。利用误差函数计算输出值与期望值的误差，得出总误差值，判断总误差值是否符合预设要求，若符合则结束训练，否则执行第四步。

第四步，逆向传播运算。运用误差梯度下降法则，依据总误差值逐步修正和更新隐含层的所有权值和阈值，返回执行第二步。

在以上论述中我们已推导完成了任意层数的 BP 神经网络的参数更新公式。在训练过程中，输入信息前向传播，误差信号后向传播，通过不断调节各层的权重值和阈值，使得最终的实际输出与期望输出之间误差尽可能减小，期待模型有良好表现。为了更加直观地表示 BP 神经网络学习算法的实现过程，将其具体的过程绘制成图，如图 2 – 4 所示。

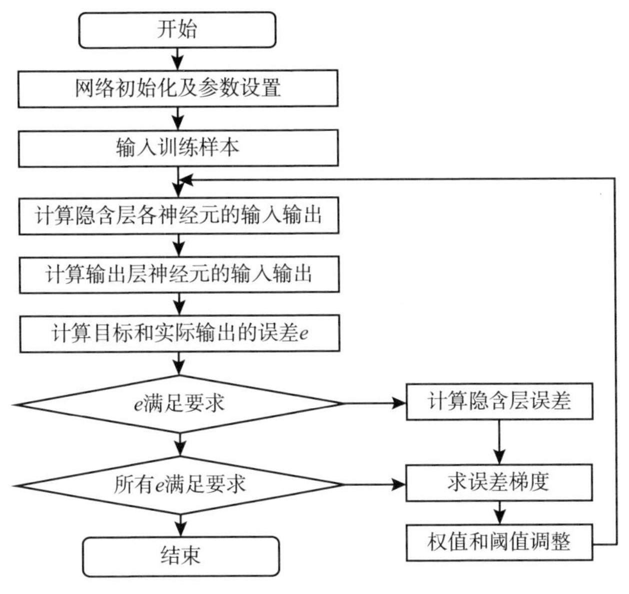

图 2-4　BP 网络算法程序流程

资料来源：王娟．基于 BP 神经网络的网贷平台风险评价研究［D］．北京：北京交通大学，2019.

（4）BP 神经网络的优缺点。

①BP 神经网络的优点。

BP 神经网络的特色和优越性突出，主要表现在其具有较强非线性映射能力、自适应能力以及泛化能力。

a）非线性映射能力。

风险预警往往是一个非常复杂的问题，各种因素之间互相影响，呈现出复杂的非线性关系。BP 神经网络为解决这类非线性问题提供了强有力的工具，它是一种能够模拟人脑功能的经验模型，输入与输出之间的转换关系一般是非线性的，因而在处理复杂的、非线性问题方面凸显了较大的优越性。

b）自适应能力。

BP 神经网络的自适应能力是与传统的数学模型方法的最大不同之处。在对样本数据的训练和学习中，无须对模型进行先验假设，通过神经网络内部的自我调节和适应便可获取数据之间的关系，是一种多变量输入的非线性、非参数的数理统计方法[①]。因此，该方法适用于解决有足够多的相关数

① Cheng B.，Titterington D. M. Neural Networks：A review from a statistical perspective［J］. Statistical Science，1994，9（1）：2-5.

据而传统统计方法难以解释的问题。

c）较强的泛化能力。

在假设已知数据和预测数据之间存在一致的内在规律的条件下，BP 网络的泛化能力是指经过已知数据对网络进行训练后形成判断记忆，能够利用存储的网络信息对预测数据做出正确的反应能力。这样便可通过样本内的数据来预测未知数据。

②BP 神经网络的缺陷。

在研究实际问题时，BP 神经网络完成了一个从输入到输出的非线性映射功能，特别适合于复杂的非线性数学问题。相应地，BP 神经网络在很多领域得到了广泛的关注和应用。但这并不代表 BP 网络是尽善尽美的，在实际应用中 BP 网络也暴露出了一些缺点与不足，主要体现在以下几个方面：

a）网络收敛速度慢。

BP 网络内部采用的是梯度下降算法，而梯度算法进行稳定学习的要求是学习速率较小，所以，通常网络学习过程的收敛速度必然变得很慢，即使增加权值的调整量，该过程依然太慢。因此，在解决复杂的实际问题时，梯度下降算法的效果并不太理想。

b）局部极小值。

在梯度算法的执行过程中，BP 网络可能会陷入局部最小的情况，即网络会收敛于某个而不是全局的最小值，这就意味着某个具体问题的解可能无法找到。在这种情况下，即使增加迭代次数也并不能提高网络的性能，此时应当立即停止训练，采取适当的措施如改善其初始值等以避开局部极小值。

c）网络参数设置缺乏统一的理论指导。

如何确定 BP 神经网络的隐含层及其神经元数也是一个很重要的问题，过少的隐含层神经元会导致网络的“欠适配”，过多的隐含层神经元则会造成“过适配”。无论是隐含层神经元数的过多或过少都会影响网络的性能。此外，网络的相关参数的设定也是尚无理论指导，只能依赖于经验或者试验来决定，这无疑会增加网络的学习难度和时间。

4. 遗传算法

（1）遗传算法的概念及基本原理。

遗传算法（Genetic Algorithm，GA）最初是由美国 Michigan 大学 Holland 教授首次提出，它是一种具有“生存 + 检测”的整体搜索的优化算法。该算法借鉴了生物进化论中的“物竞天择，适者生存”思想和遗传学机理，通过适应度函数对种群中的每个个体进行逐代择优，保留优质个体复制到下一代，并对其交叉、变异等操作，如此循环若干代之后，种群便进化到最佳的搜索区域范围，从而逼近最优解[①]。与自然界类似，遗传算法的目标并非是待求解问题而是直接搜索决策变量，并通过适应度值来筛选和评估染色体。简单地说，遗传算法对待求解问题的本身一无所知，它所做的仅仅是对算法产生的每个染色体进行评估，并基于适应度函数来选择染色体，赋予适应性能较好的染色体更多的繁殖下一代的机会[②]。不同于BP神经网络的局部搜索算法，遗传算法是采用一种高效的并行化的整体搜索算法，能够在全局搜索中自动获取与处理搜索空间范围的知识，具备良好的全局寻优能力，减少了陷入局部最优解的风险。正是由于上述特点，我们对遗传算法进行研究，用以优化BP神经网络的初始权值和阈值，以克服其部分局限性，提高预测结果的精确性。

（2）遗传算法中的相关术语。

由于遗传算法产生于生物进化论和遗传学机理，所以在这个算法中会用到许多生物遗传学的相关知识，本书就会用到的一些相关术语作简要说明。

①算法编码。

编码是遗传算法的基础。编码是指将要解决的问题空间的参数转换成遗传空间的基因码串的形式，每个不同的基因用不同的码串表示，代表问题的一个解。目前，遗传算法中最常用的编码方式是二进制编码，因为其容易表示，而且与计算机内部的二进制编码一致，简单易行，便于分析。

②种群规模。

种群规模是指一个种群中含有基因个体数量的大小。种群规模的设定和待解决问题的非线性程度有一定的关系，但尚未有统一的定量关系式。一般常用的种群规模数是20～200。种群规模的过大或者过小都会影响网络性能。当种群规模过大时，会造成计算量增加，延长计算时间，效率下降；当种群规模过小时，不能涵盖较为全面的信息量且很容易出现近亲交配，产生病态基因，最终会影响网络性能。

③适应度函数。

适应度是指各个基因个体对环境的适应程度，是衡量基因个体好坏的依据。为了体现基因个体的适应能力，引入了对问题中的每个基因个体都能测量的函数，叫适应度函数。该函数是用来计算基因个体在种群中被使用的概

---

① 王小平，曹立明．遗传算法——理论应用与软件实现［M］．西安：西安交通大学出版社，2002：2－6.

② 冯宪彬，丁蕊．改进型遗传算法及其应用［M］．北京：冶金工业出版社，2016：42－48.

率。在本书中，我们将采用式（2.16）来计算适应度函数值。

$$F = k \cdot \{ \sum_{i=1}^{n} \mathrm{abs}(y_i - \hat{y}_i) \} \tag{2.16}$$

式（2.16）中，F 代表个体适应度值；n 代表网络输出节点数；y_i、$\hat{y}_i$ 分别表示第 i 个节点的期望输出和实际输出；k 为系数。

④遗传算子。

遗传操作是模仿自然界物种的繁衍、交配、基因突变的做法，遗传算法运算的过程包括3个基本操作，即选择、交叉和变异。这3个基本操作的共同之处在于它们都是随机化操作，而这种随机性是高效且有方向的搜索。先将3种基本操作介绍如下：

一是选择。选择亦称再生或者复制，是从种群中选择优胜的个体基因，淘汰劣质的个体基因的过程。选择过程是按照个体基因的适应度进行复制，其目的就是把优秀的个体直接遗传至下一代或者通过交叉配对产生新的个体再遗传到下一代。目前常用的选择策略方法有轮盘赌选择、适应度比例选择、排序选择以及局部选择等。本书通过轮盘赌选择法选择个体，则个体被选中概率 P_i 为：

$$P_i = F_i / \sum_{j=1}^{N} F_i \tag{2.17}$$

式（2.17）中，F_i 为个体 i 的应适度值，N 为种群个体数量。

二是交叉。在生物进化过程中起着核心作用的是遗传基因的重组或变异，相应的，遗传操作过程起着关键作用的是交叉算子。所谓的交叉是指按照一定的交换概率将两个父代个体基因的部分结构进行替换、重组而产生新的个体基因的操作。交叉操作所产生的子代不仅继承了父代的基本特征，而且还拥有更高水平的适应度和更优良的子代种群，使搜索速度大幅度提高。本书个体编码方式为实数编码，交叉操作也将运用实数交叉法，第 k 个个体 a_k 和第 l 个个体 a_l 在 j 位交叉操作的计算公式为：

$$\begin{aligned} a_{kj} &= a_{kj}(1-b) + a_{lj}b \\ a_{lj} &= a_{lj}(1-b) + a_{kj}b \end{aligned} \tag{2.18}$$

式（2.18）中，b 为［0，1］的随机数。

三是变异。自然界生物进化是伴随着细胞的不断分裂和重组而进行的，变异可使生物个体表现出异常的新的性状。遗传算法中的变异自然要模仿生物变异的过程，这一过程就是经过变异算子来实现的。变异算子是指以较小的概率对种群中的基因个体的某些基因座上的某些位置作变动，比如由0变1或由1变0。变异算子一方面使遗传算法具备全局和局部的均衡搜索能力，另一方面是保持种群的多样性，避免出现早熟或局部最小值的情况。若选取第 i 个个体的第 j 个基因进行变异，变异操作计算方式如下：

$$a_{ij}=\begin{cases}a_{ij}+(a_{ij}-a_{max})\cdot f(g) & r>0.5\\ a_{ij}+(a_{min}-a_{ij})\cdot f(g) & r\leqslant 0.5\end{cases} \tag{2.19}$$

式（2.19）中，a_{max}、a_{min} 分别为基因 a_{ij} 的上界和下界；$f(g)=r^2\cdot(1-g/G_{max})^2$，$r^2$ 为随机数，g 为当前迭代次数，G_{max} 为最大进化次数；r 为［0，1］的随机数。

（3）遗传算法的基本流程。

利用遗传算法解决某一具体的优化问题时，其基本流程如图2-5所示①：

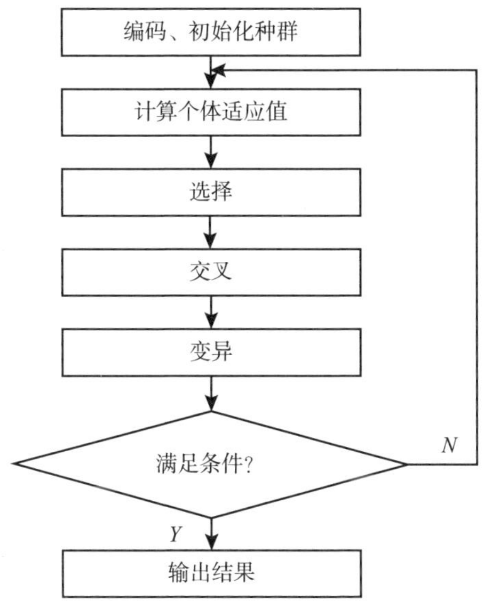

图2-5 遗传算法基本流程

①将问题的解以编码的形式表示，一个码串代表问题的一个解。

②随机产生一个初始种群，该种群是所有问题的解的集合。

③定义一个适应度函数，用来度量和评估各解的性能。

④根据适应度函数计算个体适应值的大小，执行选择、交叉和变异操作产生下一代种群。

⑤返回步骤③，直到满足预先设定条件。

---

① 王小川，史峰，郁磊，等. MATLAB神经网络43个案例分析［M］. 北京：北京航空航天大学出版社，2013：20-24.

第3章　乳制品质量安全监管的逻辑过程

乳制品质量安全监管的过程是指政府对乳制品行业实施监督管理，直到放松甚至解除这种监督管理的过程。正像产品生命周期要经过投入期、成长期、成熟期和衰退期一样，政府监管过程也可以看作是一个政府的监管周期。按其监管的逻辑，政府监管过程通常包括政府监管立法、政府监管执法、法规的修改与调整、放松或解除政府监管等四个阶段，如图3－1所示。

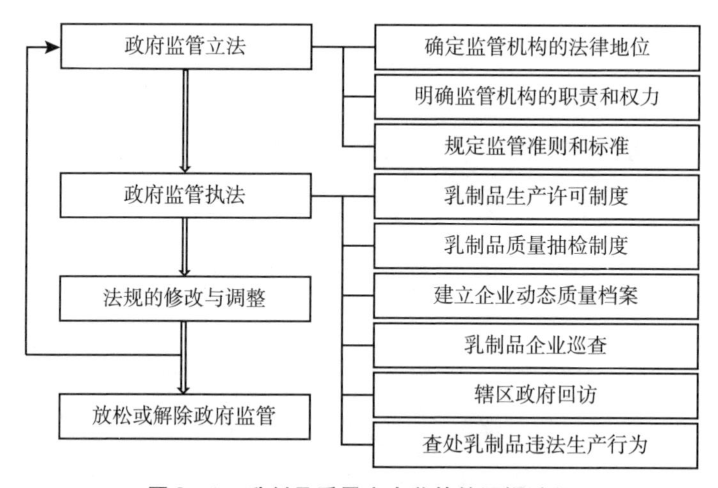

图3－1　乳制品质量安全监管的逻辑过程

3.1　政府监管立法

政府监管立法的目标是为开展政府监管活动提供法律依据。其目的是为了实现乳制品的质量安全，以保护消费者权益。根据政府监管的范围大小，政府监管立法的立法机构可能是全国性的，如我国的全国人民代表大会；也可能是地方性的，如某一个省、自治区、直辖市的人民代表大会。需要强调的是，任何一项立法都会影响相关企业、消费者等利益集团的利益。

有关乳制品质量安全的政府立法，其内容包括以下三个方面：

1. 确定政府监管机构的法律地位

政府监管机构实际上就是政府监管法规的执行机构，即可以新建一个监管机构，也可以利用原有监管机构，改变原有监管机构的管辖范围。政府监管立法要明确新的或原有监管机构的法律地位。

2. 明确政府监管机构的职责和权力

政府监管立法需要对监管机构进行定位，明确其基本职责。同时，由于政府监管活动涉及多方面的关系，政府监管立法虽然不能详尽规定监管机构的具体权力，但必须就政府监管的主要内容对政府监管机构的权力作出原则规定。

3. 规定监管准则和标准

监管准则和标准是政府实施监管的法律依据。包括建立乳制品质量安全监管法律法规体系与制定乳制品质量安全标准体系。

（1）建立乳制品质量安全监管法律法规体系。

法律法规是对乳制品质量安全监管的依据。根据法律法规进行的乳制品质量安全监管的目的，就是迫使企业生产高质量的乳制品，当然也是安全的乳制品。我国乳制品质量安全监管法律法规体系涵盖了我国《立法法》所规定的法律、法规与规章这三种立法形式，以法律为主干，以行政法规、规章以及规范性文件为主要组成部分。整个体系以《食品安全法》为主干和核心，作为行政法规、地方性法规的制定依据。《食品安全法》共10章104条，基本上建立起了食品安全监管体系、食品安全风险评估体系、食品安全国家标准体系、食品安全事故处理机制、强化民事责任等多项法律制度。乳制品质量安全监管法律法规体系，如图3－2所示。

下面就乳制品质量安全监管法律法规体系的构成要素与特点进行简要说明。

法律层面。《食品安全法》属于行政法，是关于行政权的授予、行政权的行使以及对行政权的监督的法律规范，调整的是行政机关与行政管理相对人之间因行政活动发生的关系，遵循职权法定、程序法定、公开公正、有效监督等原则，即保障行政机关依法行使职权，又注重保障公民、法人和其他组织的权利。《食品安全法》确立了我国乳制品质量安全与监督的基本制度，是从事乳制品质量安全监督管理的基本规范，是保障乳制品质量安全最直接和最基础的法律依据。同时，还有一些法律针对乳制品的特殊内容进行

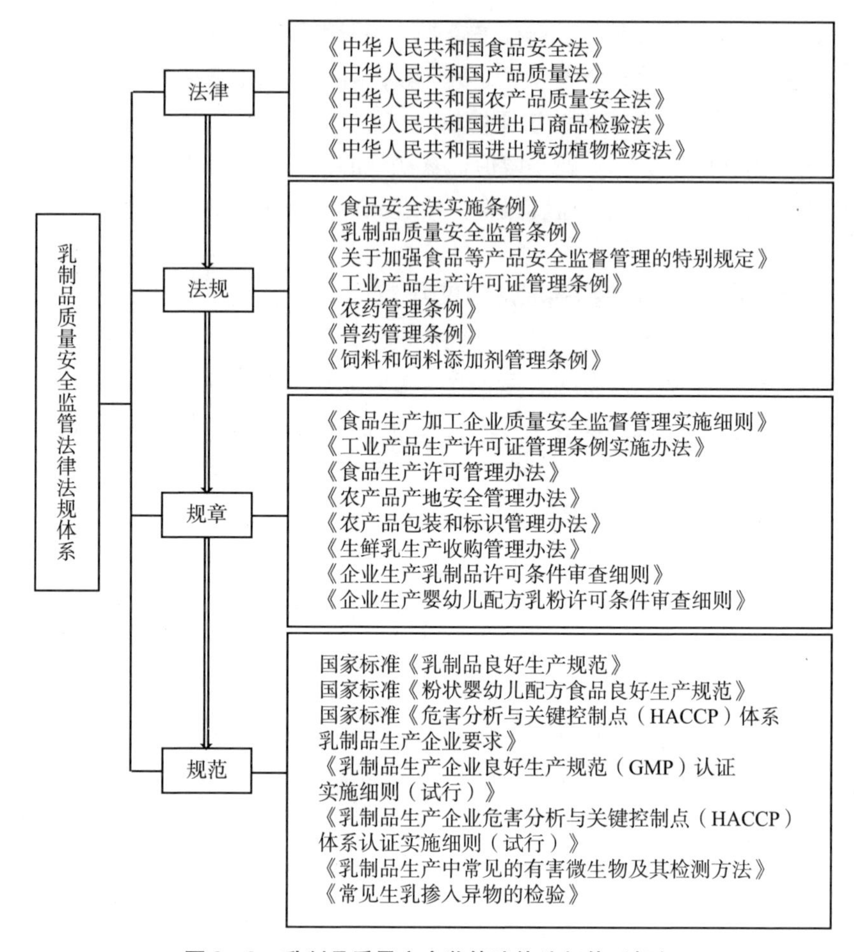

图 3－2　乳制品质量安全监管法律法规体系框架

调控。①对于乳制品相关产品，即用于乳制品的包装材料、容器、洗涤剂、消毒剂和用于乳制品生产经营的工具、设备等的生产经营活动，应受《产品质量法》的调控；②对于乳制品质量安全标准实施的监督检查工作，应适用《标准化法》的规定；③对于违反食品安全相关规定，承担刑事责任的，则应适用《刑法》的有关规定；④《食品安全法》和《农产品质量法》中涉及行政处罚、行政许可和行政强制的内容，应遵循《行政处罚法》《行政许可法》《行政强制法》这三部行政程序法的统一规制；⑤进出口乳制品的检验、检疫，应适用《进出口商品检验法》《进出境动植物检疫法》的规定。

法规层面。法规即行政法规，包括行政法规和地方法规。行政法规是国家最高行政机关国务院根据宪法和法律所制定的规范性文件，行政法规是国务院履行宪法和法律赋予的职责的重要形式，其法律地位和效力仅次于宪法和法律。与乳制品质量安全相关的重要行政规范有《食品安全法实施条例》《乳制品质量安全监管条例》《关于加强食品等产品安全监督管理的特别规定》等，这些法规是相关法律的执行性立法。地方性法规是省、自治区、直辖市以及省级人民政府所在地的市和经国务院批准的较大的市的人民代表大会及常委会，根据本行政区域的具体情况和实际需要，依法制定的在本行政区域内具有法律效力的规范性文件。比如，地方对于《食品安全法》的执行性立法有《重庆市食品安全管理办法》《广州食品安全监督管理办法》《宁夏回族自治区食品安全行政责任追究办法》等。

规章。规章是指国务院相关部门和省、自治区、直辖市，在本部门或本地区权限内制定的有关乳制品质量安全调控的规定、办法、实施细则、规制等文件。

规范性文件。是指国家行政机关，为实施法律，执行政策，在法定权限内制定的除行政法规和规章以外的具有普遍约束力的决定、命令及行政措施。这些规范性文件在乳制品质量安全监管的实践中发挥着巨大的作用。

上述乳制品质量安全监管法律法规体系表现出主次分明、结构合理的特点。为了确保体系的科学性和有效性，体系的构建考虑了三个维度：一是保障食品生产经营企业的食品安全而制定的，如《食品安全法》《食品安全法实施条例》。二是为防止农牧业种植、养殖过程和环境的源头污染以及动物和人类疾病对食品安全带来危害而制定的，如《农药管理条例》《兽药管理条例》《饲料和饲料添加剂管理条例》。三是为规范市场秩序和打击制售假冒伪劣食品行为而制定的，如《产品质量法》《农产品质量安全法》等。上述法律法规体系基本涵盖了从农田到餐桌的全过程管理，实施好各项法律法规是保障乳制品质量安全的基本要求。

我国的乳制品质量安全法律法规虽然在不断地完善，但是，与发达国家和国际组织的食品安全法律制度相比，还存在明显的差距。比如，比较典型的问题是，在发达国家，对于违反规定的乳制品生产经营者都予以重罚，一次违法就可能倾家荡产的观念已经深入人心。但是，我国对乳制品质量安全的法律责任的规定明显偏轻，主要表现为：一是行政处罚低；二是民事赔偿制度不完善。

（2）制定乳制品质量安全标准体系。

乳制品质量安全标准体系是乳制品法律法规体系的重要组成部分和监督

执法的重要技术依据。根据2008年国务院公布实施的《乳制品质量安全监督管理条例》和国务院办公厅《奶业整顿和振兴规划纲要》，以及《食品安全法》的要求，卫生部会同国务院各部委和乳业相关单位，对乳制品质量安全标准进行了系统的修订与完善工作，并于2010年3月26日颁布。颁布的标准共66项，其中，产品标准15项，包括一般产品标准11项、婴幼儿配方产品标准4项；生产规范标准2项；检验方法标准49项，包括理化方法39项、微生物方法10项。修订后的新标准基本解决了以往乳制品标准的矛盾、重复、交叉和指标设置不科学等问题，提高了乳制品国家标准的科学性，形成了统一的乳制品质量安全标准体系。按照内容划分的乳制品质量安全标准体系，如图3－3所示。

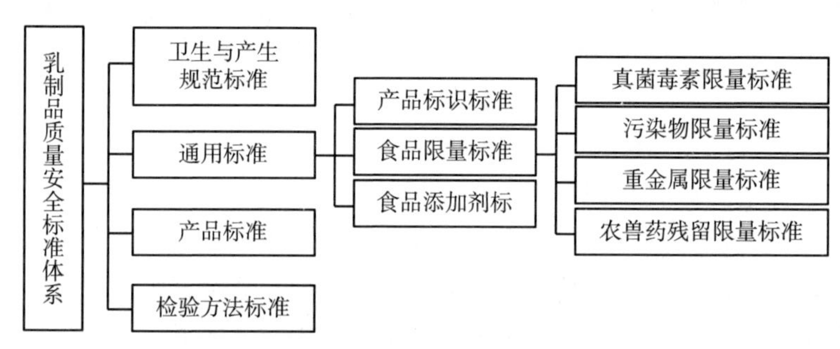

图3－3　乳制品质量安全标准体系框架

与以往乳制品标准相比，该乳制品质量安全标准体系有以下特点：

一是体现了《食品安全法》立法宗旨，突出安全性要求。食品安全国家标准属于技术性规范，该乳制品质量安全标准体系严格遵循《食品安全法》的要求，突出与人体健康密切相关的限量规定。

二是以食品安全风险评估为基础，兼顾行业现实和发展需要。乳制品质量安全标准体系以食品安全风险监测和评估数据为依据，确保标准的科学性，同时听取行业主管部门和协会意见，充分考虑我国乳制品行业实际情况，确保标准的实用性。

三是整合现行乳制品标准，扩大标准的覆盖范围。乳制品质量安全标准体系整合了以往乳制品标准中的强制性规定，在减少标准数量的同时，提高了食品安全国家标准的通用性和覆盖面，避免标准间的重复和交叉。

四是与现行法规和产业政策相衔接，确保政策的连续性和稳定性。

3.2　政府监管执法

通过政府监管立法，作为执法者的政府监管机构被赋予特定的法律地位、基本职责和权力，以及政府监管的政策目标后，就开始进行监管执法活动。乳制品质量安全监管执法活动包括乳制品生产许可、质量抽检、建立企业动态质量档案、企业巡检、辖区政府回访、查处乳制品违法生产行为六个方面。

1. 乳制品生产许可

根据《工业产品生产许可证管理条例》，对于具备基本生产条件、能够保证乳制品质量安全的企业，发放《食品生产许可证》，准予生产获证范围内的乳制品；未取得《食品生产许可证》的企业不准生产相关食品。乳制品生产加工企业必须满足原国家质检总局制定的《食品生产加工企业质量安全市场准入审查通则》和各类食品质量安全市场准入的实施细则规定要求，才能获得生产许可。生产设备条件包括环境条件、生产设备要求、原辅材料要求、生产加工要求、产品标准要求、人员要求、检验要求、包装和标识要求、储运要求以及质量管理要求十个方面。质监部门实施乳制品的生产许可活动，就是按照上述十个方面的技术规范要求对乳制品生产加工企业进行全面审查。

2. 乳制品质量抽查

根据《产品质量法》，各级质监部门对乳制品生产加工企业实施产品质量抽查活动。主要有两种方式：一种是定期抽查，根据乳制品的特点和企业的生产情况，设定抽查周期，一般是一个季度抽查一次，重点企业一个月抽查一次；另一种是突击性的抽查，针对一些乳制品质量风险信息，包括消费者投诉、媒体披露等渠道反映的质量问题，有针对性地实施抽查。

对抽查不合格的企业，采取相应的后处理措施：责令整改，整改后进行复查，复查不合格的，可吊销生产许可证；对于存在严重违法行为的，比如违法使用食品添加剂、违法使用被污染的工具和设备等，进行查封、扣押，并给予行政处罚。同时，对情节严重或屡次抽查不合格的，可将不合格企业名单向社会进行曝光。

将上述抽查方式作为一项制度严格履行，应该是政府监管的基本职责，也是保障乳制品质量安全的基本要求。事实证明，这些乳制品质量安全问题的一再发生，就是与质量检验制度及其被曲解执行有着密切关系。在生产加工环节对乳制品质量安全的把关主要依靠企业的出厂检验和委托检验。根据《食品生产加工企业质量安全监督管理实施细则》第三十八条规定："食品出厂必须经过检验，未经检验或检验不合格的，不得出厂销售。具备出厂检验能力的企业，可以按要求自行进行出厂检验。不具备出厂检验能力的企业，必须委托有资质的检验机构进行出厂检验。"无论是自行出厂检验还是委托检验，成本都由企业自行承担。三鹿奶粉是自行检验出厂，产品都为合格，这说明它的自行检验存在问题或者检验时错误的执行产品的标准。那么，委托检验可以避免这些问题吗？部分出现的毒奶粉事件，执行的就是委托检验，都有"检验合格报告"，而这些"检验合格报告"的性质是"委托检验报告"，委托检验报告只对来样负责，在取样方面，由企业自行取样，而不是由检查机构随机抽样。对于委托检验结果的用途，送检企业与监管部门的认识也是不一样的，这种不同的认识给送检企业的违法违规创造了条件。即乳制品出厂检验变为交钱给检测机构进行委托检验，而检测机构的检验只证明交来的这一份样本质量是合格的，但是，有了这样一份针对样本的检验合格报告，生产厂家的产品就可以贴上由质监部门背书的 SC（食品生产许可）标识出厂销售了。委托检验制度充分反映了监管机构与被监管企业之间的利益关系，有资质的检验机构主要是监管部门下属的事业单位，这使得监督检验往往沦为监管部门的创收来源①。

实际上，政府的抽查检验制度在具体执行时也会出现问题。原因是抽检可能会带来巨大的利益空间，因此，企业的抽检业务领域是政府各部门之间权力交叉、吵架最频繁的地方之一。政府的几大监管部门在其下属的研究院、检验所等检验机构都组建了庞大的检测体系，这些检验机构执行抽查检验制度所进行的检验是收取费用的，这往往会成为许多部门的创收来源。而且，由于各级检验机构的收入与其检验工作量密切相关，因此，监管机构有着强烈的动机加大检验检测力度。问题是，即使如此，为什么仍然难以通过抽检发现不合格的乳制品呢？主要原因，一是抽检在具体操作中的主观性和随意性非常大，比如，与企业的关系好坏，或者企业是否配合监管的工作等，都可能是实际抽检考虑的因素。二是因为缺乏统一协调。检测结果在监管部门之间不能互认，导致有些商家成为被"抽检"的密集地带。这种情况的抽检在企业看来就是政府"创收"的借口，被看作是对企业运营的负

① 刘亚平. 走向监管国家［M］. 北京：中央编译出版社，2011（5）：72－75.

担，这往往会助长企业的“投机”心理。

为了避免因利益驱动而影响检测的公正性，2009 年出台的《食品安全法》明文规定监管部门的抽检不再收费，相关费用由同级财政列支。这项规定有利于消除检验单位与食品生产企业的利益关系，确保检验的公正性。然而，这一规定又带来新的问题。比如，这意味着监督检验的安排将严重依赖地方政府的财力。

该项工作中还牵扯到乳制品质量安全的检测技术问题，主要有农兽药残留检测技术、微生物检测技术和添加剂检测技术。虽然，我国这些检测技术的研发取得了新的进展，但与国外先进国家相比差距仍然非常明显。

3. 建立企业动态质量档案

可按照一企一档的方式，建立乳制品生产加工企业质量档案，包括企业的基本情况、生产状况以及产品质量监督情况等信息。根据日常检验的情况，对乳制品生产加工企业的档案信息进行及时更新，动态掌握企业的质量状况。根据企业产品质量的动态变化情况，决定是否加大检测监督力度。

4. 乳制品企业巡检

为达到加强日常监管，促进企业及时改正存在问题的目的，各级质量监管部门应该建立巡查队伍，对乳制品生产加工企业实行定期巡查。根据企业的生产规模和质量安全状况，可实行分级管理。对大规模的、工业化水平较高的企业，可每年巡查一次；对有一定规模、质量较稳定的企业，可每半年巡查一次；对小型的、质量控制水平较低的企业，可每季度巡查一次；对质量不稳定或出现过质量违法问题的、高风险的企业，可每月巡查一次。当然，各地质监部门根据本地区的实际情况，可适当调整各类企业的巡查频次。

5. 辖区政府回访

为争取地方政府的支持和重视，各级质监部门应建立乳制品生产加工企业辖区回访制度，定期和地方政府互通乳制品质量安全监管信息。政府回访工作是双向的信息交流过程，质监部门向基层政府组织通报当地乳制品生产加工的质量安全状况，基层政府组织将本地区存在的问题反映给质监部门，协调研究具体对策。

6. 查处乳制品违法生产行为

依据法律法规的授权，对乳制品违法加工行为进行查处。包括生产加工不符合保障人体健康和人身、财产安全的国家标准、行业标准的违法行为；在乳制品加工中掺杂、掺假、以假充真、以次充好，或者以不合格品冒充合格品的违法行为；篡改乳制品生产日期和保质期、假冒质量标识等违法行为。

目前，我国在查处乳制品违法生产行为的力度还是很大的，但是，存在的问题也不能忽视。比较突出的问题是，在查处违法生产行为执行过程中还缺乏规范化和连续性。往往是在出现了重大乳制品质量安全事件之后，由上级行政机关发布行政条文，进行一阵风式的检查和处理。当这场风过后，查处违法生产行为、打击假冒伪劣的行动便偃旗息鼓，在风头上隐匿起来的制假造假分子又开始重新行动起来。这种缺乏规范化和连续性的打击假冒伪劣的过程，使得我国的乳制品质量安全问题难以摆脱“乳制品质量安全问题凸显—打击—乳制品质量安全问题暂时缓解—再度凸显—再打击”这样的怪圈，无法从根本上解决乳制品质量安全问题。

3.3 法规的修改与调整

随着乳制品行业的发展、政府监管体制和指导思想的变化，需要对原有的监管法规、标准进行必要的修改和调整。我国食品安全监管工作就是随着环境和指导思想的变化一直在不断地进行改革和调整。从最早单纯的行政管理向法制管理、依法行政的方向改革，从多头监管向分段式监管、再到统一监管的方向改革。比如，2009 年颁布的《中华人民共和国食品安全法》，就是在之前实施了 14 年的《中华人民共和国食品卫生法》的基础上，修改、调整和完善而来。由“卫生”到“安全”两个字的改变，反映出我国食品安全从立法观念到监管模式的全方位根本转变，标志着我国食品安全监督管理工作进入了一个新的历史阶段。这次调整就是对以往实施的食品卫生法的完善和提升，重点在四个方面进行了调整：一是国务院设立食品安全委员会，该委员会是一个高层次的议事协调机构，由国务院副总理对食品安全监管工作进行总体的协调和指导，旨在解决部门间的配合失调和消弭相互监管空隙；二是国家建立食品安全风险评估制度，有卫生部牵头与各个部委成立食品安全风险评估专家委员会，设立国家级的风险评估专业机构；三是统一国家强制性食品安全标准，将原来的国家质检总局负责的《产品质量法》和《食品卫生法》的食品卫生标准合二为一，统称为食品安全标准，解决标准之间的矛盾与扯皮问题；四是国家建立食品召回制度。食品生产者发现其生产的食品不符合食品安全标准，应当立即停止生产，召回已经上市销售的食品，通知相关生产经营者和消费者，并记录召回和通知情况，有利于让生产经营者承担起食品安全的责任。

在有毒有害化学物质含量的规定方面提出了新的要求。比如，在我国“三聚氰胺”事件发生之前，有关部门曾多次对三鹿公司的奶粉进行检测，结果都合格，都没有检出三聚氰胺。检测的依据都是国家婴幼儿配方奶粉标准，这项标准有31项检测指标，包括热量、蛋白质含量、维生素含量、水分等重要指标，但没有有毒有害化学物质指标，更没有对“三聚氰胺”的添加剂量的规定，所以，有过量添加“三聚氰胺”奶粉的检测结果也是合格的。“三聚氰胺”事件发生后，直到2011年卫生部才发布公告：禁止在食品中人为添加“三聚氰胺”。这些问题的存在严重制约着我国乳制品质量标准体系效力的提升。

在营养和卫生方面提出了新的标准。比如，2010年我国对生鲜乳收购的两个标准进行了修改，一是营养标准（蛋白质含量）从1986年颁布的生鲜乳收购标准要求的蛋白质含量2.95%，降至2010年7月1日颁布新标准的蛋白质含量2.8%。这一标准明显低于同期国际发达国家生鲜乳收购标准3.0%的要求。二是卫生标准（生鲜乳菌落总数），1986年的国家标准分了四级，一级为50万GFU(菌落形成单位)/毫升、二级为100万GFU/毫升、三级为200万GFU/毫升、四级为400万GFU/毫升。新国标规定我国生鲜乳收购的菌落总数为200万GFU/毫升，即过去相当于三级品的次品牛奶如今成了合格品。这与西方发达国家的要求相差甚远，严重影响我国乳制品国际竞争力的提升。

3.4　放松或解除政府监管

放松监管的主要特点是向受监管行业引入竞争机制，其目的是提高服务质量，降低收费水平，促进技术创新等。我国放松或解除政府监管的主要形式是“产品免检”制度。

2000年3月14日我国发布了《产品免于质量监督检查管理办法》（以下简称《办法》）。该《办法》规定“国家质量监督检验检疫总局对符合本办法规定条件的产品实行免于政府部门实施的质量监督检查（以下简称免检）制度。免检产品在一定时期内免于各级政府部门的质量监督抽查。”制定该《办法》的初衷是“鼓励企业提高产品质量，提高产品质量监督检查的有效性，扶优扶强，避免重复检查，规范产品免于质量监督检查工作。”

依据该《办法》的规定，2008 年“三鹿奶粉”事件之前，我国部分乳制品生产厂家的产品享受国家的免检制度，其生产的奶粉产品包装上加印“国家免检”字样。“三鹿奶粉”事件发生后，国家质检总局对全国婴幼儿奶粉进行抽检，结果许多知名厂家的产品皆被检出三聚氰胺。三鹿毒奶粉事件后，2008 年 9 月 18 日国务院废止了 1999 年 12 月 5 日发布的《国务院关于进一步加强产品质量工作若干问题的决定》中有关食品质量免检制度的内容。要求“各地区、各部门一定要切实加强领导，狠抓落实，严格履行职责，按照有关食品质量安全的法律、法规加强对食品质量安全的检验和监督检查，确保食品质量安全。”这就意味着对于食品而言，不存在免检规定了。

免检制度本身是为了企业提高产品质量，扶优扶强，引导消费而设定的。为了避免各种重复性的检查，减轻企业负担，打破地方利益保护和行业垄断，国家质检总局出台了免检制度。但是，贴了免检标签，就像有了护身符一样，使得一些企业忽视了对产品质量的重视。因此，放松尤其解除政府监管，在相当长一段时间内对于乳制品几乎是不可能了。

第4章　乳制品质量安全监管体制的演进与变迁逻辑

4.1　乳制品质量安全监管体制的演进

监管是否有效直接关系到乳制品的质量安全问题，我国通过改革和完善监管体制来不断加强乳制品质量安全的监管职能和效果。

自从“三鹿奶粉”事件后，有关我国食品安全监管体制改革的研究就比较丰富，学者们对我国食品安全监管体制的演进划分为不同的阶段。代表性的大致有以下几种。有学者划分为三个阶段：“计划经济时期的指令型体制（1949～1978年）；经济转轨时期的混合型体制（1979～1992年）；市场经济时期的监管型体制（1993～2010年）”①。有学者划分为四个阶段：“计划经济时期的部门分散型监管体制（1949～1978年）；经济转轨时期的过渡型食品安全监管体制（1979～1992年）；分段管理雏形初现的食品安全监管体制（1993～2003年）；分段监管为主，品种监管为辅的食品安全监管体制（2004～2013年）”②。也有划分为五个阶段，包括“萌芽阶段（1949～1964年），过渡阶段（1965～1978年），混合阶段（1979～1992年），分割阶段（1993～2008年），综合阶段（2009～2012年）”等③。

本书考虑到我国经济体制的转型、相关法律法规的出台，以及乳制品供应链及其生产特点，将乳制品质量安全监管体制的演进划分为四个阶段，监管空白期、监管过渡期、分段监管期、集中监管期。

---

① 文晓巍．食品安全监管、企业行为与消费者决策［M］，北京：中国农业出版社，2013：38－43.

② 秦利．基于制度安排的中国食品安全治理研究［M］．北京：中国农业出版社，2011：105－116.

③ 陈宗岚．中国食品安全监管制度经济学研究［M］．北京：中国政法大学出版社，2016：65－87.

4.1.1 监管空白期（1949～1978年）

1949年新中国成立到1978年改革开放之前的近30年，我国实行的是中央集权式的计划经济体制，计划经济体制的典型特征是商品的严重短缺，所以，解决温饱问题是当时食品安全的最大目标。这一时期，我国的乳制品质量相对安全，乳制品的主要问题表现为数量上的供给问题，而人为因素所导致的假冒伪劣问题很少。乳粉和液态生鲜乳是这个时期人们消费的主打产品，政府监管工作的重心是避免乳粉和生鲜乳的卫生问题而引发消费者疾病。因此，这个时期政府对乳制品质量安全问题的管理实际上是对卫生问题的管理，管理职责由卫生防疫部门负责①。但是，卫生防疫机构兼有卫生防疫和卫生监督的双重职能，工作中心在卫生防疫，卫生监督居于从属的地位；同时，卫生监督又包括环境卫生、劳动卫生、食品卫生等诸多内容，所以乳制品卫生监督工作在整个卫生防疫系统乃至卫生监督系统中处于相对边缘的位置。

加之，这一时期我国缺乏乳制品质量安全相关的法律法规，而且，政府对乳制品质量安全问题的管理主要体现在对问题的事后处理，事前和事中的监管几乎空白，故将这一时期称为乳制品质量安全监管空白期，其监督模式如图4－1(a) 所示。

4.1.2 监管过渡期（1979～1991年）

1978年我国开始进行经济体制改革，从计划经济体制向市场经济体制转轨，也称转轨过渡期。这一时期国家进行了一系列放权让利的改革，推进多种所有制成分共同发展，企业所有制也日趋多元化。1979年卫生部在1965年的《食品卫生管理试行条例》的基础上，修订并正式颁布了《中华人民共和国食品卫生管理条例》，标志着政府依法监管食品安全的开始。该条例的出台，对于乳制品而言，拓展了乳制品的监管范围，不仅包括成品乳制品，还包括原料乳、乳制品添加剂和乳制品包装材料；增设乳制品卫生标准；明确规定卫生部为乳制品质量安全监管单位，明确其监督管理、抽查检验、技术指导职责并有贯彻和监督执行卫生法令的权力。

---

① 刘亚平．走向监管国家［M］．北京：中央编译出版社，2011：72－75.

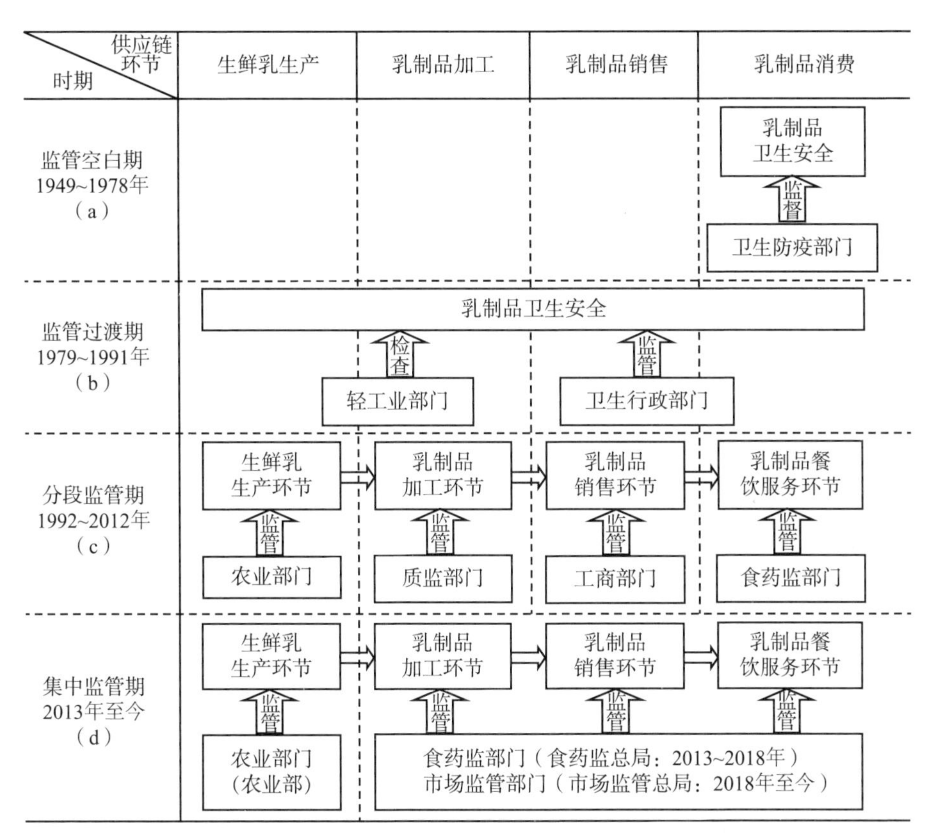

图 4－1　乳制品质量安全监管体制演进示意图

1983 年我国颁布了《中华人民共和国食品卫生法（试行)》，实现了食品卫生管理工作从行政管理向法治管理模式的跨越。该法以法律的形式明确了卫生行政部门在食品卫生监督管理中的主体地位；根据该法的授权，调整、分离出了专业性的食品卫生监管机构。该法明确规定“各级卫生行政部门领导食品卫生监督工作”“卫生行政部门所属县以上卫生防疫站或者食品卫生监督检验所为食品卫生监督机构”，并规定获得食品卫生许可证是食品生产和经营企业申请工商执照的前提要件，卫生许可证的发放管理赋予卫生部门。但是，该法并没有完全取消各类行政主管部门对食品卫生的管理权，任由“各级食品生产经营企业的主管部门负责本系统的食品卫生工作，并对执行本法情况进行检查”。因此，这一时期虽然在名义上卫生部取得了食品卫生监督的主导权，但食品生产经营领域各个主管部门的部分管理权依然保留，卫生部门的主导监督权陷于分割化的尴尬境地。当时的乳制品生产经营主管部门是轻工业部，其监管模式如图 4－1(b) 所示。

4.1.3 分段监管期（1992～2012年）

分段监管体制形成之前，还出现过一些过渡型的监管模式。比如“以轻工业部监管为主，卫生部监管为辅”的监管模式；“以轻工业部、工商局、农牧渔业部、卫生部”等多部门协调的混合型监管模式等。1992年10月，党的十四大确立了我国经济体制改革的目标是建立社会主义市场经济体制。市场经济理念下，“实行政企分开，落实企业自主权”成为经济改革的主流；1993年3月，第八届全国人大一次会议通过了国务院机构改革方案，撤销了轻工业部、纺织部等7个部委。这标志着乳制品企业在体制上与轻工业主管部门分离，政府不再过多地干预乳制品企业的生产经营行为，转而只对乳制品质量和安全进行监管。

乳制品供应链包括生鲜乳生产、乳制品加工、乳制品流通与销售、乳制品消费等四个环节。当然，绝大多数食品供应链也基本如此。基于食品供应链的这个特点，逐步形成了分段监管的体制。即政府的监管职责横向分工主要由农业、质监、工商、食药监四个部门按照分段监管的原则负责。农业部门负责初级农产品的监管，质检部门负责生产加工环节的监管，工商部门负责流通环节的监管，食药监部门负责消费环节的监管，其监管模式如图4-1（c）所示。

经过一段时间的实践证明，这种分段式监管体制逐渐暴露出一些问题。由于监管部门多，监管边界模糊地带也多，既存在重复监管、又存在监管盲点，难以做到无缝衔接，监管责任难以落实。

这种现象的出现，最终促使国家《食品安全法》的诞生，并于2009年6月1日正式实施。《食品安全法》的出台，不仅使监管理念从过去注重食品安全问题的事后处罚，转变为关注食品安全风险的事先防控；而且促进了食品安全监管体制的变革，由“分段监管”向“统一协调与分段监管相结合”模式的转变。国家的具体举措就是调整了食品安全监管机构，完善监管机构的职责。在国务院层面设立了“国家食品安全委员会”，作为国家最高层次的议事协调机构。这显示了国家试图通过立法引入超越部门利益之上的机制来协调食品安全监管工作的意志。遗憾的是，国家食品安全委员会设立初衷的综合协调职能，在实践中并未得到有效发挥，国家希望通过建立权威的协调机构来实现有效监管的局面并未出现，“多部门分段监管”的监管体制依旧。

4.1.4　集中监管期（2013年至今）

为了避免分段式监管模式存在的监管盲点和推诿责任的缺陷，在2013年3月第十二届全国人民代表大会批准通过的国务院机构改革中，新组建了“国家食品药品监督管理总局”。该机构将原国家食品安全委员会办公室的职责、食品药品监督管理局的职责、质检总局的生产环节食品安全监督管理职责、工商总局的流通环节食品安全监督管理职责进行了整合，从而实现对生产、流通、消费环节的食品质量安全实施统一监督管理的目的。在这样的改革中，执法模式由多头变为集中，目的就是强化和落实监管责任，有利于实现全程无缝监管，提高食品监管的整体效能。同时，国家食品药品监督管理总局加挂国务院食品安全委员会办公室牌子。基于改革和完善市场监管体系，实行统一的市场监管原则，2018年3月，第十三届全国人民代表大会批准通过的国务院机构改革中，新组建了“国家市场监督管理总局”，原国家食品药品监督管理总局的食品监管的全部职责纳入其中。乳制品质量安全监管由国家市场监督管理总局的食品安全协调司、食品生产安全监管司与食品经营安全监管司（流通和餐饮服务领域）负责。乳制品质量安全集中监管体制，其监管模式如图4－1(d) 所示。

目前的监管体制尽管把原来分散在食安办、工商、质监、食药监的食品监管职能得以整合，但在乳制品供应链上还有农业部的一块职责未能得到整合。就是说还是未能真正实现食品监管职能的无缝对接。

还需要注意的是，集中监管虽然解决了分段监管的不足，但是，在监管契约不完整时，集中监管模式会产生分段监管模式不可能出现的问题。比如，分段监管模式中不同监管机构之间的机构分离可以避免被某些利益集团所俘获——因为某一个机构只能控制企业绩效的一个维度，它的这种不完全知识使得它很难与企业共谋。分段式结构下，各监管机构之间的竞争能够起到信息披露的作用，也促使监管机构之间有动力去彼此揭发，这在一定程度上减少对监管机构的监督成本。因此，从分段式监管转向集中式监管，需要解决的前提条件是对监管权力的监督问题，否则，分段式监管将比集中式监管更有利于减少腐败。

4.2 乳制品质量安全监管体制的变迁逻辑

本书采用戴维斯和诺斯的制度变迁理论来解释乳制品质量安全监管体制的变迁，因此，对相关概念做一下解释。

制度。通常是指社会制度，是指建立在一定社会生产力发展水平基础上，反映该社会的价值判断和价值取向，由行为主体（国家或国家机关）所建立的调整交往活动主体之间以及社会关系的具有正式形式和强制性的规范体系。制度按照性质和范围总体可分为根本制度、基本制度与具体规章制度三个基本层次。根本制度是同生产力发展的一定阶段相适应的经济基础和上层建筑的统一体，如政治、经济、文化制度等。基本制度是社会的具体组织机构，如外交、金融、税收、政党、军事、司法、教育、科技、保障制度等。具体规章制度是各种社会组织和具体工作部门规定的行为模式和办事程序规则，如公务员考试制度、学位管理制度、劳动工资制度等。

体制。通常指体制制度，是制度形之于外的具体表现和实施形式，是管理经济、政治、文化等社会生活各个方面事务的规范体系，例如国家领导体制、经济体制、军事体制、教育体制、科技体制等。制度决定体制内容并由体制表现出来，体制的形成和发展要受制度的制约。

制度环境。它指的是根本性的政治、社会和法律基础规则。在食品安全监管领域，制度环境包括我国的政治体制、政府组织法、逐步完善的市场经济、社会观念和价值体系的变化等。这些因素共同构成了食品安全监管的制度环境，对该领域制度变迁和行为选择设定了外在的环境。

制度安排。它指的是支配行为主体的潜在合作或者竞争方式的某种安排。在食品安全监管领域，具体的制度安排包括有关食品安全的立法、各个监管部门间职权配置状况、多部门分段监管的体制、各部门间现有行政协调机制、社会利益群体影响政治决策的方式等。在对食品安全监管体制的演变过程进行考察时，基于我国行政实践和长期以来的文化背景，非正式的制度安排也是不得不加以考虑的重要因素。

前文已述，制度的变化可引起体制的变迁。戴维斯和诺斯认为，在绝大多数情况下制度都是处于均衡状态。所谓均衡状态就是指在给定的条件下，现存制度安排的任何改变都不能给任何个人或者团体带来额外收入。而推动制度变迁的动力或原因一般由下列三种事件中的任何一个：一是制度变迁的潜在收益可能会增加。二是组织或者运作一个新制度安排的成本可能发生变化。三是法律或者政治上的变化可能影响制度环境，使得某些团体重新分配收益或者利用现有获利机会成为可能①。

在制度变迁的过程中，存在着路径依赖的现象②，“历史表明，人们过去做出的选择决定了其现在可能的选择”。③ 如果交易成本显著，则递增报酬的自我强化机制会使得一些无效率的制度长期存在，在市场不完全和组织失灵的情况下，有可能在现有制度条件下衍生出倾向于维系现有制度结构的组织和利益集团，占主导地位的利益集团会按照自己的利益目标影响制度变迁的政治进程④。

对于我国的乳制品质量安全监管体制，其变迁所遵从的逻辑是：诱致性制度变迁逻辑（1979～1991 年）、强制性制度变迁逻辑（1992～2012 年）、强制性制度变迁和诱致性制度变迁并存的综合性制度变迁逻辑（2013 年至今）。

4.2.1　诱致性制度变迁逻辑（1979～1991 年）

乳制品从生鲜乳的生产到最终出售给消费者，其供应链包括生产、加工、包装、储运、销售等生产流通环节。从理论上讲，要实现监管目标就应做到对乳制品供应链中的所有环节主体都进行监测，但是，这样做的成本很高，往往难以实现。如果把供应链作为一个整体来实施监管，就是一种兼顾监管目标和成本的有效办法。政府监管部门可以通过评估各相关主体在供应链中的作用与影响力，来识别供应链的链主（核心主体）；政府在监管整条供应链时只需对链主进行监测和信誉考核即可，而无须监测其他相关主体。出于自身利益的考虑，链主会维护整条供应链的信誉，因此，链主会通过自身在供应链中的地位和影响力，利用供应链相关主体共同遵从的内部机制，调控和纠正供应链其他成员的违规行为。这种做法不仅增强了供应链成员之间的合作和一体化程度，而且降低了政府的监管成本，提高了政府的监管绩效，进而诱致监管体制的变迁。

此外，乳制品质量安全的有效治理需要相关部门彼此高度协调一致以及

---

① ［美］R. 科斯，A. 阿尔钦，D. 诺斯，等．财产权利与制度变迁——产权学派与新制度学派译文集［M］．上海：上海三联书店，1994：297－298.

② ［美］诺思．制度、制度变迁与经济绩效［M］．上海：上海三联书店，1994：150.

③ ［美］道格拉斯·诺思．经济史中的结构与变迁［M］．上海：上海三联书店，2003：1.

④ NORTH D. C. Economic Performance through Time［J］. *American Economic Review*, 1994, 84(3)：359－368.

相互配合，然而，政府部门作为行为主体，都有其自身的利益取向，包括努力拓展本部门可支配的资源、避免政治和法律问责的风险、提高部门的工作绩效、扩张自身职权以强化部门地位等。但是，信息不对称现象的普遍存在，可能会使部门间出现“有利争着管、无利都不管”的机会主义行为。由此可见，加强部门间的合作和协调能力就成为提高监管绩效的必然需求。

为了更清楚地说明，有必要对机会主义行为进行解释。这里所说的机会主义行为，指的是政府部门为了追求自身效用，在界定自身职权或者实施监管的过程中，利用法律和政策上的模糊，有选择地披露信息从而增加部门自身的利益。乳制品质量安全监管中的机会主义行为来源于部门主体之间行为协调规则的模糊性，以及协调过程中的交易费用。具体来说，可从静态和动态两个方面加以分析。

就静态而言，要实现各部门之间的行为协调需要有一个明确、具体的规范框架，使得各部门的职权边界、行为方式、协调机制都得到清晰的说明和界定。这种框架一般是通过法律规范和相应政策的形式来加以体现的。相关法律和政策对部门之间行为边界和方式的定义越明确，各种规范之间的一致性程度越高，法律的执行机制越有力，发现机会主义行为的成本越低，部门机会主义行为的倾向就越低。但是目前我国的行政组织法对部门之间职权配置的规定基本是空白①，而各种具体法律和规章、政策，彼此之间冲突的情况屡见不鲜。这都为部门的机会主义行为留下了很大的空间。

就动态而言，政府部门间的协调与合作，需要一个具备足够权威，并且拥有足够手段以较低的成本监控部门行为的协调机制。在官僚制的等级权威下，原本是由各级政府来履行这一职责的。但是由于食品安全领域中很多部门属于垂直管理，各级政府，特别是省以下地方政府，并不具备足够的干预和调控能力来对他们的行为进行协调。此外，由于乳制品质量安全供应链的整体监管效果，与各个部门之间的合作程度有很大关系，因此，对各部门的监管行为和效果进行精确估计非常困难，这就使得各部门都有足够的激励去释放有利于自身的信息而屏蔽不利于自身的信息，加上缺乏强有力的协调机构，各种机会主义行为就容易泛滥开来。

由此可见，监管目标的实现迫切需要各个参与部门之间的协调和合作。因此那些能够降低机会主义行为倾向和交易费用的措施，就能够有效提高监

---

① 汪普庆，周德翼．我国食品安全监管体制改革：一种产权经济学视角的分析［J］．生态经济，2008（4）：98－101.

管绩效，从而推动制度的变迁。在西方各国最典型的趋势是一体化，即将乳制品质量安全监管交给专门化的独立监管机构①。

4.2.2　强制性制度变迁逻辑（1992～2012年）

改革开放以来，市场经济开始在我国迅速发展，政府作为生产组织者的职能逐步弱化，社会监管与公共服务职能则逐步强化。对于乳制品质量安全监管而言，它意味着政府需要承担起一种新的针对市场的监管职能。这一职能履行状况的好坏，日益成为政府公信力一个非常重要的来源，其地位在政府政策制定以及相应的立法中日益彰显。同时，整个社会关于食品安全的观念也在发生变化。在我国基本实现温饱的目标以后，乳制品质量是否安全成为社会非常关注的议题。几乎每一次较大的乳制品安全事件都能够引起整个社会极大的反响，并且形成对政府的强大压力，促使政府改变监管体制强化监管。此外，讨论我国的乳制品质量安全监管体制变革，还有一个因素就是如何在公共事务的管理过程中，提高行政的法治化程度。部门的执法资格、职权配置的法治化程度越高，整个乳制品质量安全监管制度运行的成本就越低。

我国乳制品质量安全监管之所以在20世纪八十年代末到九十年代初开始发展，是市场经济和社会观念互动的结果。外在环境变化极大地影响了政府需要考虑的履职能力和社会公信力，这就为制度变革提供了可能②。

4.2.3　综合性制度变迁逻辑（2013年至今）

综合性制度变迁逻辑是指强制性制度变迁逻辑和诱致性制度变迁逻辑并存。前文所述，各职能部门都有他们自身收益的目标函数，而对食品安全进行治理意味着要承担大量的成本，与部门其他主管事项竞争原本就稀缺的资源。食品安全治理取得的成效以及由此而带来的问题，难以精确配置给各个部门。在这种情况下，一个理性的职能部门无疑会选择自身投入产出最佳的执法水平③。只是由于外部性的存在导致了这一执法水平低于社会最优的水平。

---

①② 颜海娜，等. 制度选择的逻辑——我国食品安全监管体制的演变［J］. 公共管理学报，2009（3）：17－30，126－127.

③ 汪普庆，周德翼. 我国食品安全监管体制改革：一种产权经济学视角的分析［J］. 生态经济，2008（4）：98－101.

对地方政府而言，对辖区内乳制品质量安全进行监管的动力一般是不足的，而且，其监管容易受到地方保护主义的强力干预。原因是地方政府除了考虑乳制品质量安全的社会性目标外，还要考虑辖区的就业、税收以及培育企业竞争力等其他目标。如果加强监管、提高监管水准，政府对公众承诺的其他目标可能就难以实现。因此，能够消除乳制品质量安全监管中这些外部性的制度变迁，将能有效提高政府、特别是中央政府的收益，从而成为推动此类制度创新的一个非常重要的因素。这些年来根据乳制品质量安全本身的内在要求，不断调整监管部门和地方政府在乳制品质量安全监管中职责的尝试，以及监管权力的逐步上移从而尽可能涵盖更大辖区的努力就是对这一观点的说明。至于制度变迁的成本，除了组织变革中已经被讨论得非常充分的各种阻力以外，在乳制品质量安全监管体制上，涉及的制度变革成本可以从法律障碍、专业化经验、资源竞争三个方面来做进一步的阐释①。

法律障碍。行政机关作为行使公共权力的国家机关，其存在和运作需要有宪法或者组织法上的依据，对其进行调整和界定职权也必须符合具体的法律规定，设置新的机构在法律上面临的困难显然比调整机构或者重新分配职权要大得多。设立新的机构需要经过严格的法律程序，如《国务院组织法》第八条规定："国务院各部、各委员会的设立、撤销或者合并，经总理提出，由全国人民代表大会决定；在全国人民代表大会闭会期间，由全国人民代表大会常务委员会决定。"相对来说，在各个政府部门之间重新配置职权面临的法律问题则简单得多，在相关法律规范设定的框架内，它一般属于初级行为团体自主决定的范围，对其而言，这种调整一般无须经过繁杂的法律和审批程序。

专业化经验。一般来说，如果特定行政机关已经在某个领域内承担了一定的职能，具备了相应的专业技术和人员，并且经过相应的时间，积累起了必需的行政经验，那么在制度变革中将相应的职责配置给这些部门，新旧制度变革的摩擦会更少，制度转换的成本也将更低。如果是设置新的机构，考虑到它和原有部门在职权和资源上的竞争关系，如果不能够获得足够的政治支持（这种可能性很高），其监管效果的不确定性会更高，同时因为它需要一定的时间来积累必需的经验以及获得相应的技术和人员，制度转换的成本无疑比前述做法要更高。

---

① 颜海娜，等. 制度选择的逻辑——我国食品安全监管体制的演变［J］. 公共管理学报，2009（3）：17－30，126－127.

资源竞争。部门被看作行为主体的时候，获得自主权或确保其势力范围是非常重要的。“获得自主权，指的是组织拥有一个独特的竞争领域，一个明确的顾客群体或者会员群体，以及一个毫无争议的关于职能、服务、目标、议程或者动机的权限，寻求稳定的环境并且消除对其身份认同的威胁。”[①] 为了确保自身的势力范围不受到威胁或者争夺政策空间的位置，在政府对各部门之间的职权进行配置或重新配置的时候，各部门必然要努力竞争于己有利的位置，争取有利于其存续和获得各种资源的职权，包括部门预算和各种项目、政策等。任何制度变革的措施，如果会损害特定部门在资源竞争中的地位，那么相应部门对此类制度变革必然会做出各种形式的抵制反应，从而导致制度变革成本的上升。因此，越是部门的核心职权，进行重新配置的阻力就越大，制度变革的成本也越高。设立新的机构显然在政策空间上对原有部门的影响更大，新机构为了获得实质性的核心职权，必然要对原有部门的核心职权造成冲击。相对来说，只是对原有部门政策空间边界的调整，对既有体制的冲击则小得多，自然制度变革的成本也会小得多。

最后，还必须提到制度环境和制度变迁之间的关系。制度安排的创新，只有在制度环境允许的前提下，才能够顺利发生。调整乳制品质量安全监管体制，虽然对各部门之间的职权进行调整甚至重新配置，属于各级政府的常规性职权，但是像合并、撤销或者改变部门隶属关系这样大规模的制度调整，则需要得到制度安排上的支持才有可能发生。观察我国乳制品质量安全体制的演变，有一个非常明显的现象，即乳制品质量安全监管体制大范围的变革，往往和政府机构改革联系在一起。其背后的原因可能有两个：

一是政府机构改革使得乳制品质量安全监管的制度环境出现了松动。因为牵涉到复杂的法律和行政体制，大规模地设置新的机构、裁撤合并旧的机构、调整机构间隶属关系，需要政治上的协商和调整。

二是制度变迁的成本。借助机构改革的时机，对乳制品质量安全治理的体制进行变革，相对来说更容易获得政治和法律上的支持，重新配置职权和安置人员的成本也更低，并且变革过程中出现的各种制度问题也更加容易处理。因为在整体变革的环境下，政府可采取的方案更多，单项改革对体制的冲击反而更小，这就为乳制品质量安全监管体制的变革提供了一个机会。

① ［美］安东尼·唐斯. 官僚制内幕［M］. 北京：中国人民大学出版社，2006：11.

第5章　乳制品质量安全监管机制的逻辑框架

根据乳制品供应链特点，直接涉及乳制品质量安全的环节有生鲜乳生产过程与乳制品加工过程。因此，就乳制品形成过程的质量安全监管包括生鲜乳质量安全监管和乳制品生产加工的质量安全监管。

5.1　生鲜乳质量安全监管机制逻辑框架

5.1.1　监管要求

乳制品质量形成的第一个环节就是生鲜乳的生产过程。生鲜乳的质量安全涉及奶牛养殖、生鲜乳生产、生鲜乳收购与运输等环节。其质量安全监管由政府农业部门（当地畜牧兽医管理部门）负责，如图5－1所示。

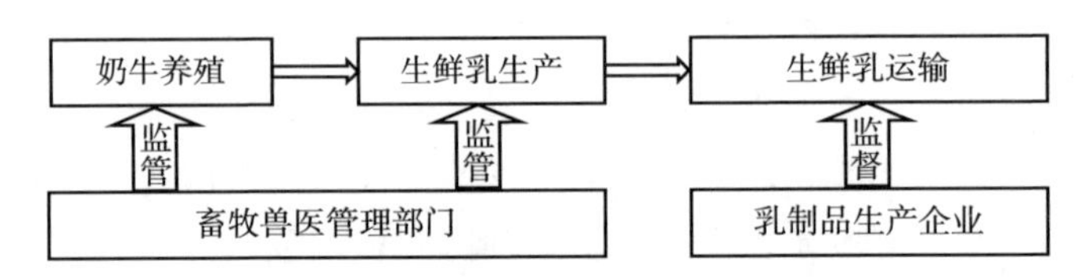

图5－1　生鲜乳质量安全监管机制示意

奶牛养殖环节。首先需要奶牛饲养场（户）在当地畜牧兽医管理部门进行备案。该环节的监管内容主要包括检查养殖场所的选址是否符合土地、水务、环保等部门的要求，养殖场所的功能区域划分是否符合卫生标准的要求，饲料配比是否符合营养标准的要求，是否具有疾病的预防措施等。

生鲜乳生产环节。监管方法主要是严格管理过程。比如，检查挤奶区现场以及挤奶设备的清洁度是否符合规定的标准要求，挤奶工作人员是否按照操作规程完成相关业务，生鲜乳的储存是否符合规定要求等。

生鲜乳运输环节。理论上该环节由政府农业部门监管，但是，由于监管资源的有限以及监管对象的众多和分散，现实中难以实现。现实中的做法通常是政府通过乳制品加工企业间接的实施监管。即政府对乳制品供应链上的核心企业（乳制品加工企业）进行监管，而加工企业为了保证其产品符合标准要求，就必须对其上游供应商（奶农）进行监督。比如，内蒙古自治区某著名乳企对生鲜乳运输环节的监督方法是，对装满生鲜乳后的奶罐罐口打上铅封，并安装摄像头，重点监控奶罐罐口、出口等关键部位。该环节的信息工作主要是利用网络技术将RFID中储存的奶量、奶站信息、运输起始点、运输路线、运输人员和监管人员的信息上传至企业内部数据库。奶源车到达工厂后，工作人员再追溯回放历史记录，确保运输途中未发生任何问题的条件下，才会收奶。

5.1.2　监管方法

1. 散养和养殖小区的监管方法

该环节的监管方法主要是，监管人员或委托的监管责任人根据养殖户的备案信息到实地就以下几个方面进行检查。

在规范奶牛养殖环境与技术方面。一是依据相关规定检查养殖场所符合土地、水务、环保等部门要求的情况。二是检查养殖环境中的饲养、粪堆、挤奶、储奶、生活等功能区域之间是否相互独立或者区域的划分是否明确，避免功能区域的混杂影响生鲜乳的质量安全。三是检查养殖棚圈的实际面积、奶牛的运动场地大小、堆粪池的有效容积等是否达到相关要求。对于上述要求不达标的养殖户，监管人员现场提出强制性、规范化的整改意见，确保养殖环境的改善，促进生鲜乳质量的提升。

在生鲜乳的生产过程方面。一是检查在养殖区域中有无独立的挤奶区，是否配设专业的手推挤奶机、管道挤奶机等设施。挤奶区排水通畅，易于清洁。二是检查挤奶工作人员是否定期的体检，避免人为因素而影响生鲜乳的质量安全。三是检查挤奶操作过程是否严格执行相关操作规程。四是检查生鲜乳存储与运输的温度、方式是否符合相关要求。

此外，为了实现乳制品质量安全的源头管控，还需要严格执行奶牛散养户的管理制度。并且，让散养户充分认识到散养与规模养殖场生产出的生鲜乳是存在差异的，引导散养户逐步向规模化养殖的方向发展。

2. 规模化养殖的监管方法

为了提高原奶质量，国家出台了奶畜养殖的相关政策，逐渐淘汰传统的奶畜散养模式，倡导并扶持奶畜的规模化养殖。预计2020年奶牛规模化养殖比重将达到70%。而传统的用于散养和养殖小区的生鲜奶监管方法对于规模化养殖模式已难以奏效，需要引入现代化的监管手段和方法。在奶畜规模化养殖条件下，信息化建设是提高生鲜乳质量安全监管水平的重要手段。但是，目前我国大多数地区对规模化养殖场的奶畜养殖到生鲜乳收购、运输、监测等环节的实时可追溯的信息化监管手段明显不足。虽然，一些大型乳企为提高自有牧场和签约牧场的奶牛养殖管理水平而投资进行信息化建设，但是，这些设施也未能被政府监管机构利用。因此，在生鲜奶监管的信息化建设中，政府应突出其主导作用，充分利用、整合现有信息化资源，构建信息化平台，为实现生鲜乳质量安全的信息化监管打好基础。生鲜乳质量安全信息化监管机制如图 5-2 所示。

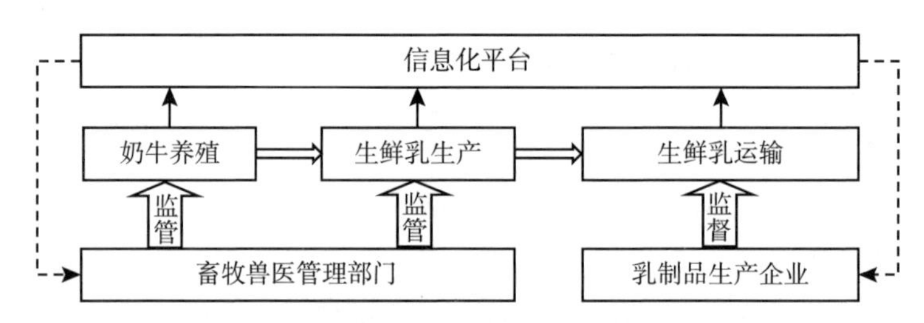

图 5-2　生鲜乳质量安全信息化监管机制逻辑框架

监管部门与乳制品供应链核心企业，利用所建的信息化平台，可以实现如下目标①。

（1）乳制品加工核心企业，通过信息化平台加强奶牛养殖各环节可视化的实时在线监控和数据采集，以确保入厂加工的生鲜乳的质量安全。

（2）通过信息化平台实现生鲜乳质量安全监测结果的在线上报、生鲜乳收购站和运输车信息的实时更新和动态化管理等。

（3）各地区监管机构以信息化平台为基础，将抽样、现场快速检测、结果实时上传、风险预警相结合，实现对生鲜乳质量安全的实时监测和追踪。

（4）以信息化平台为基础，开展乳制品质量安全监管溯源综合平台建设。

5.2　乳制品生产加工质量安全监管机制逻辑框架

乳制品质量形成的第二个过程是乳制品的生产加工过程。借鉴国外乳制

---

① 方芳，等．生鲜乳质量安全监管信息化建设探析［J］．中国奶牛，2018（12）：44-46.

品生产加工的质量安全监管机制的经验，以及对我国乳制品质量安全监管实践的分析，提出乳制品生产加工质量安全监管机制的逻辑框架，如图5-3所示。包括乳制品市场准入机制、乳制品信息可追溯机制、乳制品安全信息披露机制、乳制品安全风险预警机制、乳制品安全奖惩机制。监管机制运行的逻辑起点是市场准入机制，其余四项监管机制是在市场准入机制运行的基础上发挥作用。在市场准入机制中的市场交易环节进行的检验、抽查所收集的数据，可作为信息披露机制中信息采集的部分来源；信息采集的数据可作为信息可追溯机制中的信息追溯系统以及风险预警机制中的风险预警系统的部分数据来源；信息披露机制中的信息发布以及风险预警机制中的预警信息收集与发布可作为奖惩机制的部分依据。

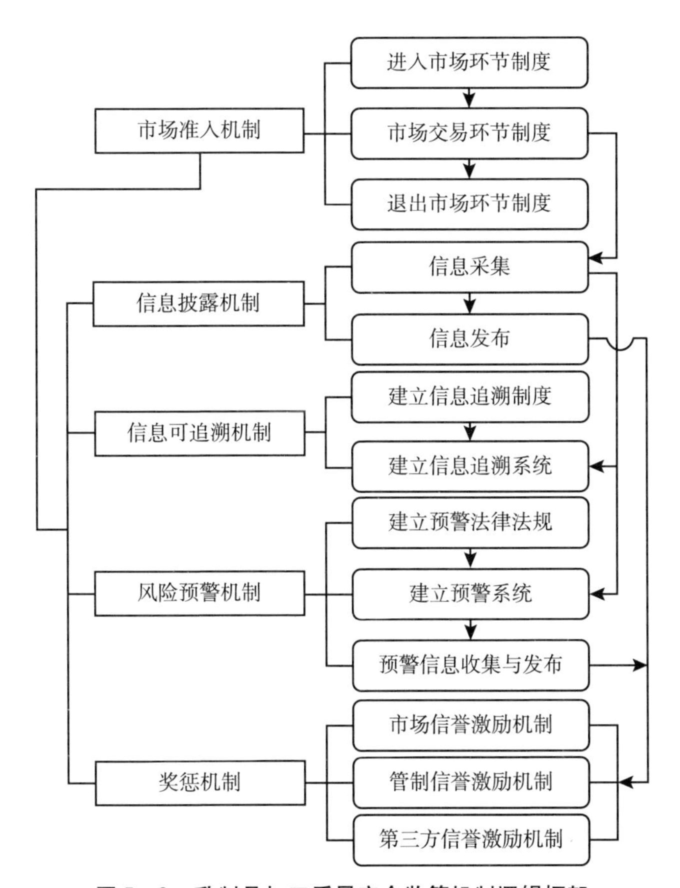

图5-3　乳制品加工质量安全监管机制逻辑框架

5.2.1 乳制品市场准入机制

为了保证乳制品的质量安全，政府通过建立乳制品的市场准入制度，要求只有具备规定条件的生产者、经营者才允许进行乳制品的生产和经营活动，只有达到规定食用标准的乳制品才允许被生产销售。市场准入制度是政府监管的第一环节，既是政府监管的起点，又是其他监管机制发挥作用的基础。

我国的食品安全市场准入制度是2002年推出的，该制度主要包括三方面的内容：第一，生产企业必须经过基本生产条件的审查，要有生产该产品的合格条件；第二，产品必须符合国家标准和法律法规规定的要求，是经过检验的合格产品；第三，合格产品到市场出售时，必须有SC标志（食品生产许可证编号中“生产”的汉语拼音字母缩写）。原国家食品药品监督管理总局发布的《食品生产许可管理办法》中第四章许可证管理第二十九条规定，食品生产许可证编号由SC和14位阿拉伯数字组成。数字从左至右依次为：3位食品类别编码、2位省（自治区、直辖市）代码、2位市（地）代码、2位县（区）代码、4位顺序码、1位校验码。

为了达到这些要求，实现乳制品的市场准入，需要以下三个环节的制度制约：

1. 进入市场环节制度

乳制品进入市场环节制度，主要包括乳制品市场准入的法律法规制度和乳制品市场准入的产品标准制度。

（1）乳制品市场准入的法律法规制度。首先，乳制品生产企业需要达到规定的条件而获得政府颁发的生产许可证才能进行生产经营活动。企业的生产经营活动还需要遵从相关的法律法规要求的制约，必须执行《食品安全法》《乳制品质量安全监督管理条例》《乳制品工业产业政策》《乳品安全国家标准》《中国乳品行业规范》《生鲜乳生产收购管理办法》等法律法规的基本要求。

我国乳制品市场准入的法律法规逐渐在完善。目前存在的主要问题，一是这些法律法规之间还存在交叉、空白现象，其协调性有待加强；二是有些法律法规的建设工作相对滞后，对出现的一些新情况、新问题还难以触及，比如《乳制品产业政策》就未能解决保护乳制品供应链上游奶农的利益问题。

因此，建议从两个层面推进我国乳制品市场准入的法律法规制度建设。一是将准入制度提到战略层面来考虑，以《食品安全法》为基础，对现有乳制品相关法律法规严格遵照复审周期进行修订和完善，增加法律法规之间的协调性，并对不适应实际情况的法律法规加以淘汰；二是关注并明确各个主体的责任，通过合理规划分配监管任务。

（2）乳制品市场准入的产品标准制度。乳制品质量安全的产品标准是衡量乳制品是否安全的重要依据，企业生产乳制品的各项指标必须达到标准的基本要求。这方面我国目前的主要问题有：

一是缺乏一些关键性指标的安全标准，标准体系的完善工作滞后。“三聚氰胺”等问题的出现以及“打补丁式”的补救方式，反映出我国乳制品标准体系的改革与完善工作的滞后。

二是出现低标准化的趋势。2010年我国对生鲜乳收购的两个标准进行了修改，其一是营养标准（蛋白质含量）从1986年颁布的生鲜乳收购标准要求的蛋白质含量2.95%，降至2010年7月1日颁布新标准的蛋白质含量2.8%。这一标准明显低于同期发达国家生鲜乳收购标准3.0%的要求。其二是卫生标准（生鲜乳菌落总数），1986年的国家标准分了四级，一级为50万GFU（菌落形成单位）/毫升、二级为100万GFU/毫升、三级为200万GFU/毫升、四级为400万GFU/毫升。新国标规定我国生鲜乳收购的菌落总数为200万GFU/毫升，即过去相当于三级品的次品牛奶如今成了合格品。这种现象可能更符合我国奶畜养殖与生鲜乳生产的实际情况，但是与西方发达国家的要求相比差距较大，因此会影响我国乳制品国际竞争力的提升。

综上所述，提出建议：一是借鉴国际上关于对乳制品关键性指标的安全标准设置情况，全面系统地对现有标准进行评价分析，有计划、分阶段地补充关键性指标的安全标准；二是落实《中共中央国务院关于开展质量提升行动的指导意见》中关于“开展重点行业国内外标准比对，加快转化先进适用的国际标准，提升国内外标准一致性程度，推动我国优势、特色技术标准成为国际标准”的要求。提高对乳制品质量安全标准的要求，解决乳制品质量安全标准总体偏低的问题，参照国际标准对国内乳制品质量安全标准做出合理要求。

2. 市场交易环节制度

市场交易环节制度包括乳制品检测制度、标识管理制度和市场准入后的监督制度。

（1）乳制品检测制度。检测制度是保证进入市场的乳制品安全的核心步骤，其实施主体有两个，即生产企业与监管部门。目前的问题是，有限的监管资源与数量庞大的监管对象的矛盾，因此，如何在有限的监管资源条件下对乳制品企业实施有效监管，是政府需要考虑的关键问题。增加并做好如下两方面的工作可以弥补目前这方面的监管不足：

第一，建立健全乳制品质量安全信息追溯制度，实行全程追溯。对于出现问题的乳制品，能够通过追溯机制在第一时间找到问题发生的准确位置。

第二，建立乳制品企业信用记录制度。对生产企业进行信用记录，并对全社会开放、接受社会监督；受到处罚和公示的企业再次进入市场时需要受到限制，进而达到处罚并控制的目的。

（2）标识管理制度。遵循《食品安全法》《食品标签通用标准》等法律法规中对食品包装标识的规定。合格的食品包装和标识是食品安全的必要条件，也是维护消费者知情权和人身健康权的基本要求。

（3）市场准入后的监督制度。市场准入机制不只是审核一个乳制品企业能否获得进入市场资格的过程，还包含对获批企业生产行为的监督检查。监督检查制度能够有效地维持企业生产的产品质量。监督检查的方法：一是制定定期监督检查制度。检查企业是否满足生产合格产品的必要条件、是否能够持续稳定地保证乳制品的质量安全，以及产品标识的使用情况；二是定期或不定期地对乳制品质量安全指标进行抽检。

3. 退出市场环节制度

退出市场的形式有强制退出、协议退出和召回。

（1）强制退出制度。当发现市场上的乳制品出现质量安全问题时，相关部门应当采取强制手段，责令其停止销售；对于多次违反规定的生产商，应取消其生产资格并移送司法机关处理。

（2）协议退出制度。在市场运行过程中，如果是生产企业对其乳制品进行自检时发现问题，则该生产主体应与处于供应链下一环节的主体解除协议，使问题产品协议退出。

（3）召回制度。可分为政府强制召回与企业自主召回两种情况。强制召回是指在行政管理部门检查发现问题后，企业被责令停止生产并收回、销毁已出厂的产品；自主召回是指企业发现其生产的乳制品不符合质量安全标准或者有证据证明可能危害人体健康的，立即停止生产，召回已经上市销售的乳制品。

总之，建立企业的市场进入制度，加强对获准进入市场企业的监管，取缔乳制品质量下滑的企业或产品，是我国乳制品市场准入制度建设的基本原则。

5.2.2　乳制品质量安全信息披露机制

乳制品质量安全信息可分为厂商主导信息、消费者主导信息和政府主导信息。一般而言，厂商对所生产乳制品的质量安全负面信息是不会对外公布的，其公布的信息往往是有利于企业自身产品宣传的正面信息。对于消费者而言，由于乳制品质量安全的“信用品”特征，想要获取乳制品质量安全信息的成本会很高；而且，一般情况下消费者对乳制品质量安全信息是缺乏了解的，这就会造成市场“劣币驱逐良币”现象。政府作为主体发布的信息具有客观、中立地位，权威性和可信度高，对解决乳制品市场失灵、保障消费者权益作用重大。因此，本书所涉及的信息是指政府提供的具有公共物品性质的乳制品质量安全信息。

从广义上讲，信息披露是指为了克服生产者与消费者之间的信息不对称，由政府或第三方中介组织强制性地将乳制品生产、加工、运输和包装过程的信息提供给消费者的过程，目的是让消费者能根据所提供的信息，做出正确的购买选择，从而抑制社会上劣质乳制品的提供。

1. 乳制品质量安全信息披露的作用机制①

（1）激发行业自律，加强行业自律组织监管的作用。乳制品质量安全信息披露，能够激发行业自律机制的作用，促使行业（协会）自律组织加大监管力度，充分发挥行业自律组织的作用，将乳制品质量安全监管的“关口”前移。

当某一次乳制品质量安全事件的信息被公开后，消费者会对整个行业普遍产生不信任感，从而减少购买，于是整个行业的利益受到牵连，其他乳企就会自发成立或通过行业协会来加强行业内相互间的监管和约束，以维护自身的利益。

（2）减少寻租行为，消除地方贸易保护主义的作用。像乳制品认证、标识信息以及动态的检验检测负面信息的披露，必然会引起社会公众对乳制品质量安全问题的广泛关注，从而形成一种舆论压力，影响当地政府的声誉；同时，对地方经济发展也会产生重大负面影响，这样就迫使地方政府加强乳制品质量安全监管的力度，消除乳制品质量安全监管中的“寻租”行为，解决乳制品质量安全监管中存在的地方贸易保护主义的问题。

---

① 孙宝国，周应横．中国食品安全监管策略研究［M］．北京：科学出版社，2013：324－329.

（3）提高消费者防范风险的意识和水平的作用。乳制品质量安全信息，特别是负面信息的及时披露和广泛宣传，能够提高消费者甄别乳制品优劣的技能，以及提高防范乳制品质量安全风险的意识和水平。

相比乳制品质量安全问题的事后处理，信息披露更能有效地降低监管成本。因为，在事后的执法过程中，怎么界定制假售假者的规模和危害程度以及发现制假售假者都面临着高昂的政策执行成本，尤其是在广大的农村。在现实中，这种信息披露不论城市还是农村都能很好地被接受，比如已经普及的网络、电视等大众传媒，能够使这种信息披露的成本降至极低，取得很好的管理效果。

2. 乳制品质量安全信息披露的运行机制

我国乳制品质量安全信息披露的运行机制包括信息采集和信息公布环节。

（1）信息采集。我国乳制品质量安全信息部分来自市场交易中企业自身的监督检查环节、部分来自政府监管部门的检测机构。总体上讲，我国的乳制品质量安全信息采集及时性差、检测效率不高，这与我国监测检测资源的短缺以及实验室检测能力的不足有很大关系。因此建议：首先，需要加大资金投入力度。一是加强对一线技术人员的培训投入，提高技术人员对乳制品质量安全检验重要性的认识，以及技术水平；二是完善实验室、科研机构的基础设施，提升实验室的科研能力和创新水平，尤其要完善部分不发达地区的监测资源，为乳制品质量安全监管提供技术保障。比如，我国目前部分不发达地区依然存在规模小、分散养殖与奶站布点收购的“奶站＋农户”的原奶供应模式。这种小规模、分散的生产与交易特点，决定了乳品生产质量信息的分散性，致使政府监管部门获取相关信息的成本很高，因此政府亟须开发适合我国国情的快速检测的检验技术。

其次，需要整合已有的监测检测资源，完善乳制品检测体系。依据合理规划、面向需求的原则，结合实际，将现有资源进行合理的分配与整合，并购买亟须的检测资源，构建快速、全面的科学检测体系，为乳制品质量安全监管工作提供有力的技术保障。

此外，注重与国外的交流与合作，有条件的发达地区可以组织专业人员到乳业发达国家实地考察，学习其先进的信息采集方法和手段。

（2）信息披露。有效的信息披露涉及两个方面。

一是信息披露主体体制方面。正常的情况应该是，监管部门通过乳制品的质量控制和监管获取质量安全信息，然后通过媒体或其他渠道发布出去。但现实中往往却是媒体通过各种途径获取信息，然后才是监管部门采取有关行动，媒体扮演了信息披露中的核心角色。

因此，要充分考虑我国乳制品监管体制不断变化的实际情况，及时地重新分配各个机构在乳制品质量安全监管中的权限，明确信息披露的管理机构，并提出详尽可行的信息披露章程，这是解决上述“错位”问题的基础。在此基础上整合各个部门资源，建立信息反馈系统，收集采纳公众关注的乳制品质量安全信息，并及时做出反馈，提高信息披露系统的有效性。

二是信息发布方面。《食品安全法》规定：“国家建立统一的食品安全信息平台，实行食品安全信息统一公布制度。对于国家食品安全总体情况、食品安全风险警示信息、重大食品安全事故及其调查处理信息，以及国务院明确需要统一公布的其他信息，由国务院食品监督管理部门统一公布。对于食品安全风险警示信息和重大食品安全事故及其调查处理信息的影响限于特定区域的，也可以由有关省、自治区、直辖市人民政府食品监督管理部门公布。未经授权不得发布上述信息。”“县级以上人民政府食品安全监督管理、农业行政部门依据各自职责公布食品安全日常监督管理信息。”

当前的一个问题是，信息披露途径和方式有限，难以达到预期的效果。很多地区对执法监督和检查中发现的不达标乳制品，在查处的同时虽然也有类似“信息公开”的做法，但只局限于下级报告上级，上级下发通知或者在政府网站公布。然而，由于报告、通知属于内部信息交流，政府部门网址又很难为公众所知，查询起来不方便，结果很少有人问津。

因此，政府应该建立形式多样的乳制品质量安全信息披露的方式，满足不同层次消费者的需求，或通过建立专门的乳制品质量安全信息发布网站，对乳制品质量安全信息进行统一管理，并对发布的信息进行分类，便于公众的查找与阅读。同时，积极引导媒体发挥其在信息披露中的作用，扩大乳制品信息的传播范围和影响效果。

当前的另一个问题是，缺乏持续动态的监督检查信息的披露。有关常规的产品成分、使用说明、生产商和商标信誉等标识信息，已经在一定程度得到披露。但是，持续动态的监督检查信息的披露还很是缺乏。动态监督检查信息的披露是信息披露中的核心内容。即使通过了质量认证、认可，获得生产准入资格的产品，也要加强检验检测，通过其动态监测信息的发布，及时发现其产品中存在的质量安全问题。

5.2.3　乳制品质量安全信息可追溯机制

《食品安全法》明确规定国家要建立食品全程追溯制度。而且，提出食品生产经营企业应当依照《食品安全法》的规定，建立食品追溯系统。信息可追溯制度是公民了解乳制品质量安全情况、减少质量安全事故损失的有效手段之一，信息可追溯系统是实施可追溯制度的方法和途径，信息可追溯机制就是指信息可追溯系统的作用机制。

乳制品质量安全信息可追溯系统的功能主要有三项：一是溯源，查找质量问题的源头和成因；二是追踪，主要用于产品回收、撤销或召回，减少事故发生后的社会危害和企业损失；三是物流管理功能。

乳制品质量安全信息可追溯机制旨在更好地应对乳制品质量安全问题，当出现乳制品质量安全问题时，能够及时、快速、准确地发现问题所在，查找问题根源。

1. 乳制品质量安全信息追溯系统要素

（1）追溯环节。追溯环节是组成乳制品供应链的各环节，包括奶牛饲养与生鲜乳生产环节、乳制品生产加工环节、乳制品运输与销售环节。

（2）追溯内容。①奶牛饲养与生鲜乳生产环节。奶农严格按照食品有关法律和可追溯系统的规程操作手册实施养殖管理和信息记录。包括饲料、奶牛品种、养殖过程、疾病防控过程等信息，原料奶的进出场情况、挤奶人员、挤奶的卫生情况等信息。②乳制品生产加工环节。企业严格按照生产操作规程进行生产，记录各个环节影响质量安全的信息，尤其是生产流程、生产工艺和添加剂的使用情况及上游原料奶的质量信息。包括乳品加工的各种原料、添加剂等信息，生产过程中的加工环境、人员、生产工艺等信息，最终成品的销售信息。③乳制品运输与销售环节。乳制品特殊的性质决定了要求保持低温运输，并记录相关信息，包括乳制品产地、生产日期、储藏环境、温度、卫生情况等信息，运输过程中经手的运输人员、运输路径等信息。

（3）技术工具。指追溯系统必备的记录和传递信息的工具。主要有条形码或二维码、射频识别技术（RFID）。扫描条形码用来获取乳制品的实时记录，利用射频识别技术实现无接触信息传递。

（4）参与者及其职责。①消费者。自愿查询乳品从生产到销售整个过程的质量安全信息。②政府监管部门。监督或检查以上参与者的生产加工行为，保证登录数据的正确性、及时性及有效性。③系统管理部门。负责可追踪系统的运行维护，监控系统用户的登录信息，保证质量安全信息的有效传递。

2. 乳制品质量安全信息追溯系统的运行机制

如图 5 -4 所示，（1）奶牛养殖的信息记录和储存是通过每头奶牛耳朵上的电子耳环来实现的。电子耳环记录着奶牛的编号、出生日期、健康状况、膳食比例等信息。每个电子耳环都连接着无线的电脑识别器，当奶牛进入挤奶厅挤奶时会经过一个关卡，关卡就会自动识别出牛的编号，这头牛何时进入几号挤奶机位以及挤奶量等信息都会自动记录下来，并传输到牧场数据库。（2）生鲜乳生产的信息是利用射频识别技术（RFID）对挤奶人员、设备清洁频率、清洁剂用量及原料奶的产量、蛋白质、尿素、微生物含量等信息进行记录。（3）原奶运输的信息是利用网络技术将 RFID 中储存的奶量、奶站信息、运输起始点、运输路线、运输人员和监管人员的信息上传至企业内部数据库。（4）乳制品生产加工的信息是利用 RFID 记录生产加工操作方式，记录乳制品通过的具体位置、乳品生产的工作台、质量控制的方法、加工环境等信息。并对每袋乳品进行条形码安装，条形码信息包括产奶牧场、运输信息、生产厂区、车间等。

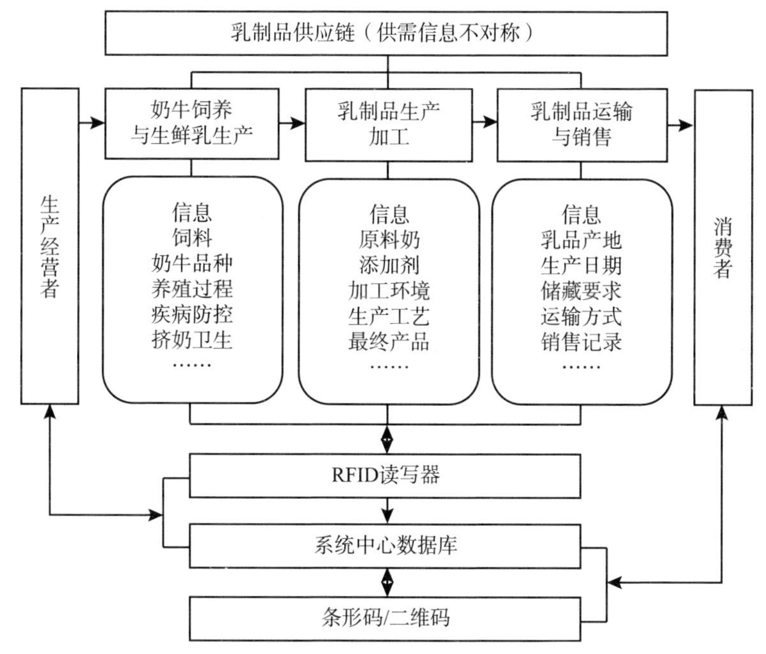

图5-4　乳制品质量安全信息可追溯系统的运行机制

通过 RFID 读写器可读取从牧场到餐桌整个过程中每个节点上有关乳制品的质量安全信息。对于发现存在不安全的因素，随即扣押相关批次的乳制品，并将信息上传至食品安全监管部门的数据库，为预警提供数据支持。对于未发现不安全因素的乳制品，则更新条形码中储存的信息，并传至数据库中心。同时，在物流、加工和销售等环节重新编制新的条码信息。这使得供应链全程节点的身份信息、产品信息和质量信息都记录在食品安全监管部门的数据库中，消费者可以通过食品安全监管中心查询有关乳品的质量安全情况。因此，对整个乳制品供应链上各环节的信息进行收集和存储，是实现乳制品可追踪系统功能的基础①。

5.2.4 乳制品质量安全风险预警机制

我国在《国家重大食品安全事故应急预案》中对食品有明确的法律法规预警要求。在乳制品质量安全风险预警中还需要进一步建立执行细则，明确风险预警体系及其运行机制，制定具有国际水准的预警机制操作规范。

按照当前企业的说法，我国大多数乳品企业内部均建立了风险预警系统。尤其是伊利与蒙牛等龙头企业，在“三聚氰胺”事件爆发之前内部就建立了比较完善的企业风险预警机制。但是，当风险爆发时，企业预警系统的启动却出现了严重的滞后。这反映出乳制品企业风险预警系统在具体运作过程中还存在很多问题；同时也说明，仅靠企业自身的力量来解决乳制品质量安全风险的预警问题有很大的局限性。乳制品质量安全是一种公共物品，它的提供需要政府职能部门和第三方公共经济主体的介入。但是，目前我国政府对乳制品质量安全风险预警系统的建立工作推动不够，相应的资金投入和政策支持不足。

1. 乳制品质量安全风险预警机制构成要素

乳制品质量安全风险预警机制的构成要素包括：

警义。警义就是警情的含义。警情是指预警对象的未来状态是否偏离正常的运行轨道而导致风险的发生。

警源。警源是警情产生的根源。警源可分为内生警源与外生警源，内生警源指预警对象内部的各种风险因素，外生警源指预警对象外部的各种风险因素。

警兆。警兆是指出现警情的先兆，一般是通过警源发展变化而来的预兆性、先行性、苗头性的指标参数来判断。

警度。警度就是对警情的度量。警度的概念与警情的含义基本相同，有

---

① 白宝光. 供应链环境下乳制品质量安全管理研究［M］. 北京：科学出版社，2016.

时两者之间可以相互替代使用，只是两者的侧重点不同。简而言之，警度是“警”的“程度”，警情是“警”的“情况”。警度强调的是对警兆指标与正常值偏离程度的描述，而警情强调的是对预警结果损失大小的描述。警情分为无警、轻警、中警、重警和巨警等。

警限。警限是对警情程度的合理测度，作为提出研究对象运行是否正常的衡量标准，并以此判断预警对象运行中是否出现警情及其严重程度。或某一警度的区间阈值。

2. 乳制品质量安全风险预警运行机制

乳制品质量安全风险预警运行机制如图 5－5 所示。

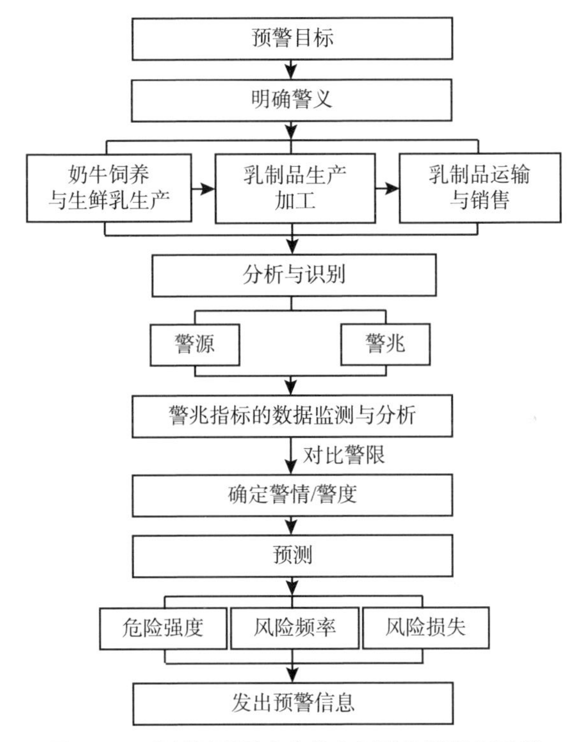

图 5－5　乳制品质量安全信息风险预警机制示意

首先要确定预警目标。乳制品质量安全的预警目标就是要输出警情信息，从而服务于人们的风险防范行动。明确警义就是确定预警对象的质量安全状况，即乳制品供应链中的奶牛饲养与生鲜乳生产、乳制品生产加工、乳制品运输与销售等环节的乳制品质量安全状况，这是预警的前提和基础。其次，分析与识别警源是分析与识别引发警情的各种可能的风险因素，这是排除警患的前提条件。分析与识别警兆就是指分析乳制品质量安全警兆指标的发展变化情况，判断指标的时间序列或因果关系，这是确定警情、明确警度的基础。再次，确定警情/警度是根据对警兆指标数据的监测与分析，对比警限阈值标准进行风险推理与判断，并对风险强度、风险频率和风险损失做出预测。最后，根据预测结果发出预警信息。

按照国家《食品安全法》的规定，国家建立食品安全风险监测制度。对于承担乳制品质量安全风险监测工作的技术机构，将监测工作所收集的数据和有关信息纳入预警信息收集系统，并将预警系统分析的结果上报当地政府食品安全监督管理部门。食品安全监督管理等部门根据风险预警结果，组织开展进一步调查，进而发布预警信息。

现实操作中，还可以利用乳制品质量安全信息追溯机制和采集的乳制品信息作为输入，采用乳制品质量安全信息披露机制为信息出口，建立信息发布系统，完成信息发布。

根据乳制品质量安全风险预警结果，对相关企业采取应急管理措施。不仅如此，还需要依据风险程度和企业信用度，对相关企业进行分类别分级，进行差异化管理，突出监管重点。

5.2.5 乳制品质量安全奖惩机制

乳制品质量安全奖惩包括奖励与惩罚。奖励是指对那些实现监管目标的乳制品生产企业的激励。激励能够使企业的这些行为得以强化，从而更有利于监管目标的实现。惩罚就是指对那些不按规定和标准违规生产的企业进行的惩戒与处罚，惩罚的方式有行政处罚、刑事处罚和民事赔偿。

奖惩机制的作用主要是通过信誉激励机制来实现，如图 5－6 所示。信誉的获得是建立在“信”的基础上的，它是诚信行为的结果，又是人们进一步交往的前提。信誉机制的构成要素包括，一是反映信誉机制主体的信誉关系发生的当事人，而信誉关系是伴随着供需双方经济交换关系而发生的。二是反映信誉机制客体的各种权利与义务的契约，而这些权利与义务的契约是在经济交换过程中形成的。三是反映信誉机制内容的信誉关系之间彼此的信任，这个信任是在供需双方相互交换与合作过程中，通过对各自义务的承诺和履行来体现的。

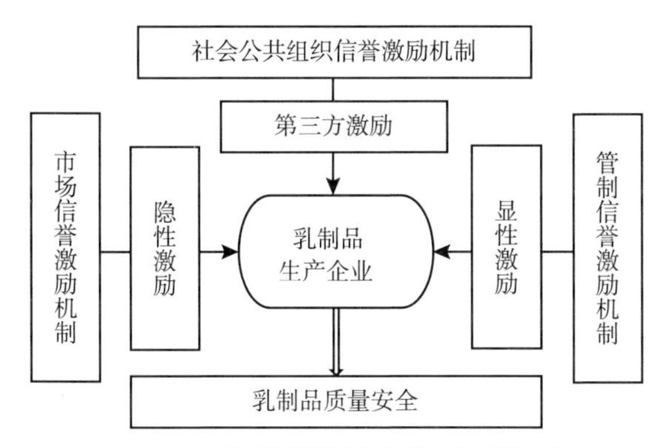

图 5-6　乳制品质量安全奖惩机制示意

信誉激励机制的形式有市场信誉激励机制、管制信誉激励机制、第三方信誉激励机制。

1. 市场信誉激励机制

消费者市场中信息不对称现象广泛存在，这就有助于具有信息优势的产品生产方实施机会主义行为，遏制信息优势方机会主义行为的条件是信息完全或交易双方重复博弈。重复博弈会使交易双方考虑短期利益与长期利益之间的均衡，尤其是信息优势方会为了长远利益而牺牲眼前利益，从而建立市场信誉。这就是说“信誉”为合同的“自动实施”提供了隐性激励。即使每一方都意识到另一方是狭隘自利的，出于“信誉”以及对未来收益的考虑，参与人之间“合作行为”也将出现，这就是信誉机制效应。

信誉机制能够及时启动严厉的市场驱逐式惩罚，深刻影响企业的核心利益，有效阻吓企业放弃潜在的机会主义行为。信誉实际上是一种公共舆论，具有很强的信号功能，如果存在信息准确的信誉机制，消费者更倾向于将它作为解决信息不完备和不对称的工具。因此，一旦企业招致信誉机制的负向评价，为数甚众的消费者则“用脚投票”，取消未来可重复的无数次潜在交易机会，启动严厉的市场驱逐式惩罚。

对于乳制品市场而言，我们可以把乳制品供应商按照提供不同质量的产品分为两类，一类是诚实的生产商，另一类是不诚实的生产商。诚实的生产商会严格按照国家相关规定与标准组织生产，其产品在消费群体中会逐渐形成品质优良的形象，进而产生市场信誉。当消费者对所购乳制品的质量心存疑惑而难以抉择时，在市场中形成的信誉就会成为决定购买的依据，这就是一种隐性激励。这种信誉机制可以激励企业确保乳制品的质量安全，为消费者提供满意的产品。对那些提供不符合标准的乳制品的不诚实生产商来说，其产品随着被消费者的食用逐渐会被识别、拒绝购买，受到惩罚。

2. 管制信誉激励机制

市场信誉机制是一种隐性契约，被看作是减少“不确定性”的机制。理性人具有追求“不确定性最小化”的动力，因此出现了制度、法规等显性契约来保障消费者利益，这就自然需要政府的管制。一般而言，市场信誉水平越高，对政府管制的需求就越低；信誉越低，需要的政府管制就越多；如果完全没有市场信誉，也就是商家完全不讲信誉的话，就只能求助于政府管制了。管制是政府以制裁手段，对个人或组织的自由决策的一种强制性限制。管制主要是对资格或行动的限制。针对乳制品市场而言，政府可以对没有服从乳制品质量安全标准的企业实施惩罚，以激励企业建立信誉机制。

比如，一种做法是政府通过建立企业质量信用体系，激励企业信誉机制的建立。2009 年国家颁布了《企业质量信用等级划分通则（GB/T 23791 - 2009)》，该国家标准将企业的质量信用分为 A、B、C、D 四个等级，按照鼓励诚信、扶优限劣的原则管制企业。监管部门对认定为产品质量可靠，诚实守信的企业，评定为 A 级，记入档案，企业可享受一定程度政策优惠。对于质量信誉差、不具备生产条件或有不良行为的企业，评定为 D 级，列入黑名单并予以公布。企业一旦上了黑名单，即使政府不进行处罚，消费者也会开出“罚单”，这对违规企业的威慑力是巨大的。

再一种做法是实施“外部效应”内部化的处罚机制；就是说把乳制品市场上不诚实厂商生产劣质品而产生的社会成本纳入其生产成本之中。比如，通过严格规制，追究劣质品生产商的责任，按照给消费者造成的损失或造成损失的数倍进行惩罚和赔偿。

管制信誉激励机制的有效运行，取决于政府管制的威慑力，而威慑力涉及政府在管制中查处的概率和惩罚的严厉程度。两个变量之间具有此消彼长的反向关联关系。如果查处的概率不高，就必须有严厉的惩罚与之匹配；只有当查处的概率显著提高，才能减轻惩罚的严厉性。

3. 第三方信誉激励机制

乳制品的信用品属性，决定了只期望于市场信誉机制来实现企业的自律行为是不现实的，因此，需要政府监管部门的介入。但是，我国政府监管部门所面临的大环境是需要监管和处理的公共事务不断增多，而公共监管资源的有限使政府难以实现人们所期待的理想的监管效果，“三鹿奶粉”事件就是最好的明证。

因此，政府需要借用外部力量，比如行业协会、社会公众等力量，来弥补政府监管上的不足。乳制品行业协会对各会员企业应当具有一定的惩罚和奖励的权力和措施，通过奖励某些优秀的企业达到推动行业规则实施的目的，某种程度上还能宣传到该企业；通过惩罚措施对不符合要求的企业进行处罚，从整体上激励乳制品企业严格自我要求，保障消费者利益，提高行业整体水平，维护社会稳定。

上述三种激励机制在一般情况下可以有效完善乳制品质量安全监管机制。然而与一般的法律不同，乳制品质量安全相关的法律法规不完善，政策设计也不尽合理，引导监管对象行为的手段也没有得到充分的实际支持，这些制度上存在的漏洞和缺陷往往可能会导致激励与惩罚措施的实施达不到应有的效果。因此，在奖惩机制建设过程中应该注意两方面的问题。一是完善法律法规，减少相关法律之间存在的纰漏，细化违规处罚规定。比如，目前存在的一个问题是，对同一违法行为，不同法规之间的处罚存在比较大的差异，这就可能造成选择性执法行为，使处罚力度大大降低，不仅为不法分子寻求法律空隙提供了可能，而且严重影响了法律的尊严。二是加大现有法律的执法力度。当下的食品安全监管局面下，对于法律已经有明确规定的违规行为，执行部门应该按照已有法律处罚的最高处罚力度来执行处罚。在心理和经济上给予违规行为以严厉惩戒，使其意识到违法成本的提高，进而规范其行为。

5.3　乳制品质量安全问题监管机制创新

5.3.1　乳制品质量安全的经济学属性特征

按照消费者获取农产品质量安全信息的途径，把农产品质量安全的经济学属性特征分为三类，即搜寻品特性（Stigler，1961；1962）、经验品特性（Nelson，1970）和信用品特性（Darby and Karni，1973）。

搜寻品特性主要指消费者在消费之前就可以直接了解商品内在和外在的特征，解决此类商品的质量安全问题完全可以由市场来调节，无须政府的介入。就是说，这类商品的消费者购买行为直接向生产者传递了针对一定质量的支付意愿信号，生产者可以根据消费者的购买状况和特征来调整自己的产品质量水平。

经验品特性主要指消费者在购买消费之后才能了解的商品特征。这种特性在一定程度上会激励优质品生产商去主动传递相关的产品质量信号。因此，解决此类商品的质量安全问题可以通过企业的声誉机制来解决，即通过声誉机制来促进商品质量信号的传递，不需要政府的过多干预。

信用品特性主要指消费者自己没有能力了解的商品特性，即使在消费之后仍不能确定商品的质量好坏。乳制品的质量安全属性特征显然属于信用品行列，即消费者在购买、食用之后无法判断其质量安全性，比如，消费者无法判断牛奶中是否含有抗生素、是否含有“三聚氰胺”等有害成分。对于具有信用品特性的乳制品，其质量安全问题的产生与解决相对于前两种而言要复杂的多。

5.3.2 乳制品质量安全问题的根源探寻

产生乳制品质量安全问题的原因是多方面的，有政府监管层面的原因，有企业生产层面质量控制方面的原因，还有消费者层面质量安全意识方面的原因。但是，从问题产生的机理上讲，其根源主要有三个方面。

1. 乳制品质量安全的信息不对称问题

乳制品行业是一个比较特殊的行业，其产业链长，生产环节多，涉及农牧业的第一产业、食品加工业的第二产业和分销与物流的第三产业。乳制品供应链由原奶提供者奶农（奶站）、生产加工企业、经销商等构成，供应链成员的行为直接影响乳制品的质量安全。在生产经营过程中，出于自身利益的考虑，供应链成员可能会实施有悖行业道德的行为而引发道德风险。比如，奶农或奶站为了提升原奶蛋白质含量以达到企业收购标准而违规添加“三聚氰胺”，为了治疗奶牛乳腺炎和其他细菌感染性疾病而滥用抗生素等；生产加工企业为了延长乳制品防腐保鲜的时间而添加防腐剂；经销商考虑自身利益而篡改生产日期，销售过期乳制品等。所有这些信息都是隐匿的，这就使得供应链成员之间以及与消费者之间产生信息不对称，即生产者（或销售商）对自己产品的质量安全信息永远要比消费者掌握得多。而作为承担监管责任的政府，由于公共监管资源的不足和监管成本等原因，对乳制品也只能是抽查或者作定期的检查。因此，政府对原料奶的提供、乳制品的生产加工以及经销渠道等情况的了解不可能是全面的。加之，乳制品的“信用品”特性决定了消费者无法通过感官来获知这些信息。这些信息不对称现象的存在，给生产经营者提供了实施机会主义行为的条件和机会，成为产生质量安全问题的根源。

对于信息不对称问题还需强调的是，当前，由于食品化学、食品添加剂等科技的快速发展，使得牛奶中规定的乳蛋白等各种含量指标会很容易被研发出来的食品添加剂所满足。这就会引起监管方政府与被监管方生产经营者之间的信息不对称程度进一步加剧，政府的监管效能也会因此而降低。而且，食品科技的进步，会使政府监管的乳品供应链“黑箱”变得更为复杂，这也为乳制品生产商提供了以低质手段谋求利益的空间，使政府监管部门面临的挑战更为严峻。

信息不对称除了会引发上述道德风险外，还会导致生产经营者的逆向选择。目前，已成为我国居民食用必需品的乳制品，其质量优劣有着明确的标准界定。但是，对于一般的居民消费者而言，要想识别乳制品的优劣是极其困难的。因为乳制品所拥有的信用品特性，使得消费者在购买前无法通过直观的感觉对其质量的优劣加以辨别，也无法通过食用后的感觉做出正确判断。正是由于乳制品所具有的这种属性特性，导致同一市场上优质品与劣质品共存。消费者在缺乏乳制品质量优劣信息的情况下，其购买行为往往会倾向于价格相对低的低质乳制品，这是由于消费者主观上认为两种乳制品具有相同的满足其食用的效用。这就给低质量乳制品的生产商提供了机会。比如，市场上一些规模较小的乳企，由于技术和资金受限，所以价格就是其主要竞争手段。当面临低质量产品的降价竞争时，规模较小的高质量乳制品生产企业在考虑自身的生产成本和保持产品质量的前提下，继续降价的空间很小，只有降低成本才能取得价格上的优势。因此，这些规模小的企业为保自身利益，会以牺牲质量为代价来降低成本，结果是导致市场上低质量产品的增加。虽然市场上也有一些资金雄厚、规模较大的企业，为了不被市场淘汰，会自愿地、想方设法传递高质量的产品信息，使消费者愿意为获得高质量产品支付较高的价格。但是，在利益导向的驱使下，最终市场中低质量乳品的供给会增加，相应的高质量乳品的供给会减少，引发逆向选择。

2. 乳制品质量安全的信号指引系统问题

虽然信息不对称是导致乳制品质量安全问题的根源，但是，如果建立一个有效的信号指引系统就能够降低由于信息不对称而带来的质量安全风险。然而，我国当前缺乏的恰恰就是这种信号指引系统。主要表现为：

（1）信息没有信号价值。这是由于部分取得乳制品认证的生产企业滥用认证标志所致。认证标志是将乳制品质量安全信息传递给消费者的一种载体，不同认证标志代表着不同的质量水平。但是，由于政府没能负起严格监管的职责，一些认证标志持有人就打着认证通过的招牌，使得低质量或者不安全的乳制品充斥市场，造成信息没有信号价值。

（2）信息隐藏。常规情况下，乳制品质量安全信息公布的责任主体是地方政府，但是，是否公布当地发生的乳制品质量安全事故信息，取决于地方政府多重目标之间的平衡。因为，地方政府除了考虑乳制品质量安全的社会性目标外，还要考虑辖区的就业、税收以及培育企业竞争力等其他目标。如果将实际查处的乳制品质量安全事故全部及时地公之于众，政府对公众承诺的其他目标可能就难以实现，其代价可能远大于收益。因此，现实中地方政府公布的乳制品质量安全信息数量会低于实际的发生值。而且，地方政府发布信息的成本收益均衡点，可能会成为企业透支政府声誉的公信力而降低质量、提高收益空间的策略。只有当政府发布信息的成本收益达到均衡点或收益高于其成本时，才会披露已发生的质量安全事故的信息。因此，客观上作为利益相关方的地方政府，往往不会及时准确地公布乳制品质量安全信息，甚至会出现隐藏信息，使信息无法发挥信号价值。

（3）信息过载。乳制品供应链涉及的环节众多，每一个环节都存在产生质量安全问题的隐患。因此，政府在实施监管职责时，会通过检测供应链各环节的质量数据与信息，来识别是否存在质量安全隐患。这些数据与信息是直接反映乳制品质量安全问题技术方面的证据，但是政府监管部门长期检测的这些数据与信息，很少能得到有目的的加工储存，使得消费者、政府、企业都不能对其进行有效利用，社会没有“记忆”，导致消费者、企业的选择没有参照系统。

（4）有价值信号与无价值信号相混淆、多个部门发出相互矛盾重叠的信号。在 2013 年国务院“大部制”改革之前，我国关于食品安全问题实行的是分段监管体制，农业部门负责初级农产品监管、质量技术监督部门负责生产加工环节监管、工商行政管理部门负责流通环节监管、食品药品监管部门负责消费环节监管。这种“分段式监管”模式在乳制品质量安全监管过程中，各部门会发出相互矛盾重叠的信号，而且是有价值信号与无价值信号相互混淆，使消费者难以有效识别和利用这些信息。为了解决这些问题，使食品在生产、流通、消费环节的安全性实施统一的监督管理，发出的相关信号是真实、唯一的，国家组建了国家市场监督管理总局。但是，能否实现这个目的，还需要实践的检验。

3. 乳制品质量安全的外部性问题

外部性是指生产商或消费者在自己的活动行为当中对第三者产生的一种

影响，产生的影响如果是有利的称为正外部性，如果是不利的称为负外部性。这种影响不管是有利还是不利，都非生产者或消费者本人所获得或承担的。负外部性会导致市场失灵。本书把乳制品市场中的供应者分成两类，一类是诚实的生产厂商，另一类是不诚实的生产厂商；这两类厂商的不同市场行为，会导致外部性问题的产生，主要体现在以下两个方面：

（1）诚实厂商对消费者和不诚实厂商产生的正外部性。诚实的厂商会严格按照国家相关标准组织生产，不仅消费者对其产品的食用是安全的，而且产品所具有的营养价值能给消费者带来精神和物质上的满足感。因此，对于消费者而言，诚实的厂商带来的是正外部性。对于不诚实的厂商而言，由于诚实厂商带给消费者的正外部性，其生产销售的产品早已在消费群体中形成品质优良的形象，当消费者对所要购买的乳制品质量心存疑惑而难以抉择时，诚实厂商优质品所留给他们的良好印象就可能会成为决定购买的依据，而实际购买到的可能是不诚实厂商生产的问题产品。此时，客观上诚实厂商为不诚实厂商带来了利益，即诚实厂商对不诚实厂商带来的也是正外部性。

（2）不诚实厂商对消费者和诚实厂商产生的负外部性。诚实厂商的生产过程一般都有严格的质量控制措施，采用的原料奶也符合标准要求，因此，生产成本比较高，反映出来的价格也比较高。但是，乳制品的信用品特性决定了消费者在购买之前并不能确切了解其品质，在消费选择时，往往会选择价格低廉的不诚实厂商的产品，这样就造成了诚实厂商经济利益的损失。当消费者了解到其所消费的可能是不诚实厂商生产的劣质乳制品时，心理上自然就会产生负面影响，致使其对市场上的乳制品心生不信任感而排斥消费，负外部性产生。这种不诚实厂商劣质品的负面影响，还会冲击诚实厂商优质品的销售，使诚实厂商遭受损失。

5.3.3　乳制品质量安全问题的治理机制创新

针对上述乳制品质量安全问题中广泛存在的信息不对称现象和外部性问题，如果依然沿用传统思路和治理手段已显不足，需要政府以创新发展的思路来寻求解决的方法。

1. 乳制品信号的干预机制创新

对于乳制品的信息不对称和缺乏信号指引系统的问题，解决的根本措施是建立有效的信息发现、显示和信誉机制。在我国，政府充当了乳制品质量安全监管和信号显示的主要角色。因此，干预并创新干预措施是解决信息不对称及信号指引问题的有效方法。

（1）建立信号反馈机制，增加信息供给。政府监管部门首先要制定严格的监管制度和科学的监管流程，常规性检查与非常规抽查相结合，实时了解企业生产的乳制品质量安全情况，对查到的不合格产品全部销毁，并及时将信息反馈给企业，如图 5 –7 所示。

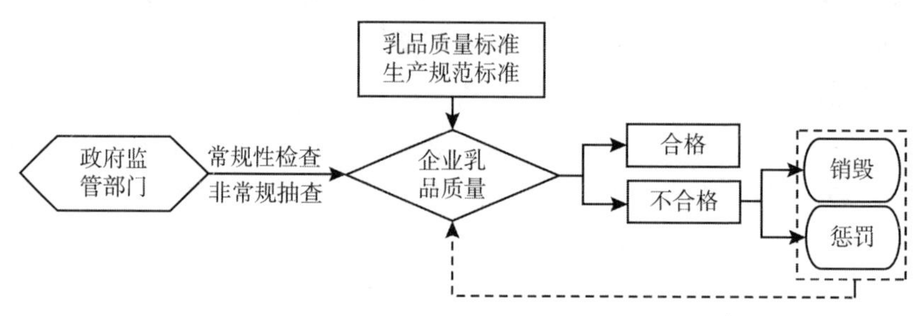

图 5 –7　政府监管与信号反馈机制

这种信号机制的优点是，政府不需要将乳制品质量安全信息传递给消费者，也不需要储存相关信息，因为市场上所有乳制品都是合格的。这种机制也迫使企业高度关注乳制品的质量安全问题，主动采取确保质量安全的各种方法和手段，比如 HACCP 体系、溯源的可追踪系统等。这种信号机制也有不足，就是代价高，主要反映在两个方面：一是执行成本高，如果把所有存在质量安全问题的乳制品销毁，我们的市场供给就会面临极大的恐慌；同时，政府在执法过程中将面临生产经营者的极力反抗，使得政府的执法无法长期坚持。二是政府要投入极大的人力、物力，以便进行大量的检测。即便如此，也难以做到一点漏洞也没有。此外，这种信号机制没能利用消费者的力量。

虽然上述信号机制有其不足，但是，政府可以通过加强管制来进行弥补。比如可以通过以下措施加以完善，一是强制要求乳制品供应链各环节主体披露有关产品特点和使用方法等方面的信息（如信息标签），以便消费者或下游企业能够对产品质量进行了解和评价；二是对企业为促销而主动进行的产品质量宣传和产品名称的使用进行严格控制（如不允许夸大其营养效果），以防止欺诈消费者；三是提供公共信息和教育，例如定期公布质量抽检结果，建立可供消费者查询的乳制品质量安全与营养水平信息数据库，对消费者和乳制品领域从业人员进行质量安全方面的培训与教育等；四是对信息提供给予补贴，例如对跟踪研究、搜集和提供国内外有关影响乳制品质量安全以及营养方面最新信息的机构或个人给予补贴激励等①。

（2）建立转换信息为信用的信号体系。政府或者政府委托的质量认证机构对乳制品监管活动中抽查的质量安全数据，以及新闻媒体曝光的结果等信息，进行记录、整理、分类，并把这些相对抽象的数据与信息转换成消费者容易理解的信号，消费者通过对照这些信号来决定购买行为。这种方法实际上是利用了市场机制来促使企业高度关注产品的质量安全问题，建立以质量信号为载体的质量信誉机制，如图 5 - 8 所示。

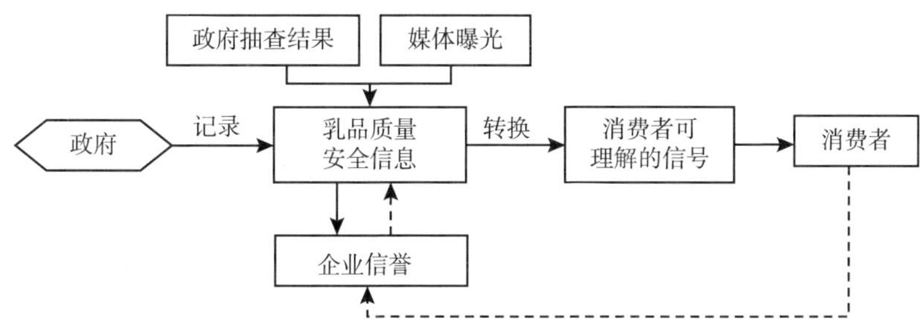

图 5 - 8　基于信誉机制的信号体系

为了建立生产者和消费者都认可的信号体系，政府需要做的工作是，给予市场中每一个厂商一个独特的编号，同时，利用现代网络技术，收集、共享多个检测部门获得的质量安全信息，并将政府不同部门的信息综合转换成消费者容易理解的信号，将信息转换成了信用。这样可以通过信誉机制鼓励生产经营者逐步改进自身的质量安全管理机制。

2. 外部性问题的监管机制创新

对于乳制品质量安全的外部性问题，有效的解决方法就是创新政府的监管机制。因为，外部性具有非排他的公共物品特点，市场机制对它不起作用。就是说，诚实生产的厂商不能因为正外部性带来了利益而可以获得额外的收益，不诚实的厂商也不可能因为负外部性造成了危害而必须付出代价。诚实厂商生产的优质乳制品的边际收益是小于边际成本的，而不诚实厂商生产的劣质乳制品的边际收益是大于边际成本的，最终必然导致市场失灵。因此，需要对依靠行政和法律手段进行干预的政府监管机制进行创新。

（1）实施“外部效应”内部化的处罚机制。就是说使乳制品市场上不

---

① 白宝光，马军．乳制品质量安全问题治理机制创新研究［J］．管理科学研究，2017，35（1）：75 - 78.

诚实厂商生产劣质品而产生的社会成本纳入其生产成本之中。比如，通过严格监管，追究劣质品生产商的责任，按照给消费者造成的损失或造成损失的数倍进行惩罚和赔偿。还可以实施“黑名单制度”，将不诚实厂商在食品黑名单榜上予以公布。企业一旦上了黑名单，即使政府不进行处罚，消费者也会开出“罚单”，这对违规企业的威慑力是巨大的。

（2）实施“供应链”的信誉管理机制。对一项完善的监管活动，既要考虑监管成本，又要实现监管目标是政府监管部门所追求的。从理论上讲，要实现监管目标就应做到对乳制品供应链中的所有主体都进行监测，但是，这样做的成本很高，往往难以实现。把供应链作为一个整体来实施供应链的信誉管理，就是一种兼顾监管目标和成本的有效办法。首先，政府监管部门通过评估各相关主体在供应链中的作用与影响力，来识别供应链链主（核心主体）；政府在监管整条供应链时只需对链主进行监测和信誉考核，而无须监测其他相关主体。因为，出于自身利益的考虑，链主会维护整条供应链的信誉，因此，会通过自身在供应链中的地位和影响力，利用供应链相关主体共同遵从的内部机制，调控和纠正供应链其他成员的违规行为。这种做法不仅减少了政府的监管成本，而且，增强了供应链的一体化程度，提高了乳制品质量安全的保障程度。

第6章　乳制品质量安全监管体系及其运行逻辑

6.1　乳制品质量安全监管体系的构成

按照《辞海》的解释，体系是指若干有关事物互相联系互相制约而构成的一个有机整体。根据《辞海》的解释以及相关文献对体系的理解，总结体系的特点为，由两个或两个以上的要素构成，要素之间相互作用和相互依赖，且具有特定的功能。体系所具有的功能决定于体系要素的组成结构。

本书将乳制品质量安全监管体系定义为，在乳制品质量安全监管过程中，互相联系互相制约的各个要素构成的有机整体，其功能是保障乳制品的质量安全。

乳制品质量安全监管体系的构成要素包括，作为监管主体的监管机构、作为监管客体的乳制品供应链，以及监管的政策工具（监管依据和手段）。其中，每一个要素又由相关的子要素构成。这些要素之间通过信息相互联系并发挥作用。本书总结提炼出的乳制品质量安全监管体系框架如图6-1所示。

下面对乳制品质量安全监管体系的构成要素简要说明。

6.1.1　监管主体（监管机构）

监管主体是政府，包括立法机关、司法机关和行政机关。学术界对监管主体还有一种广义的理解，就是除了政府外，还包括非政府组织、消费者组织、各类媒体组织等。限于本书研究的内容，这里的监管主体只关注政府组织。

6.1.2 监管客体（监管对象）

监管客体是乳制品供应链相关主体，包括从事生鲜乳生产、乳制品加工、销售、消费的企业与个人，以及与为乳制品提供相关原辅材料的企业与个人。

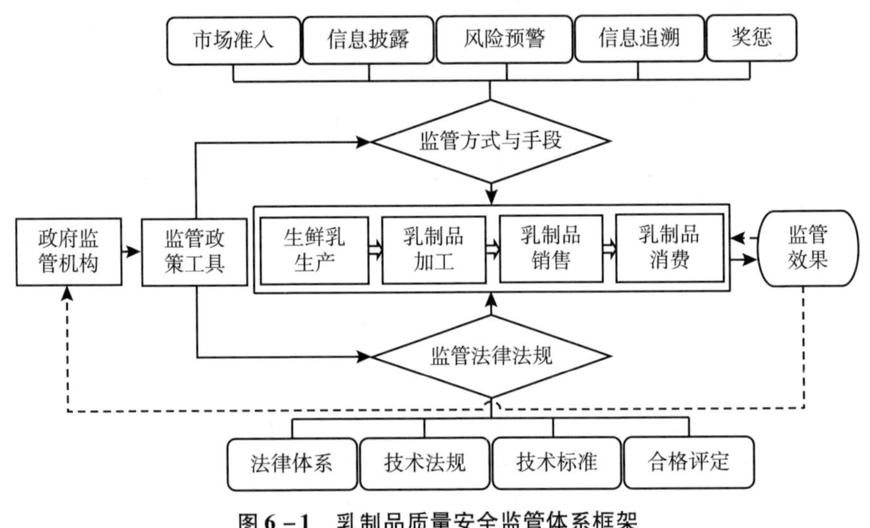

图 6－1 乳制品质量安全监管体系框架

6.1.3 监管政策工具（监管依据和手段）

乳制品质量安全监管的政策工具有监管法律法规、监管方式与手段。监管法律法规是监管机构实施乳制品质量安全监管的依据，也是保障乳制品质量安全的基础；监管法律法规包括法律体系、技术规范、技术标准，以及合格评定。监管方式与工具包括市场准入、信息披露、风险预警、信息追溯以及奖惩。

1. 监管法律法规

法律体系。建立法律体系是实施乳制品质量安全监管的基础。法律体系既可以作为“事前”预防为主的指导原则，也可以作为“事后”惩罚的依据。我国乳制品质量安全监管的法律体系是以相关法律、法规和规章组成的，整个体系以《食品安全法》为主干和核心。

技术法规。技术法规是强制性的规定要求，是对乳制品质量安全特性的要求、乳制品加工和生产方法以及乳制品检测方法所做的规定性文件。技术法规的主要作用是为法律的实施提供技术支持。技术法规在内涵上包括两个方面的属性，第一是法规属性，第二是技术属性。所以，技术法规属于法律范畴，但是，在我国的监管实践中，技术法规的地位和作用被低估的情形时有发生，因此，本书将技术法规单独列出。

技术标准。我国对标准的定义是："为了在一定的范围内获得最佳秩序，经协商一致制定并由公认机构批准，共同使用的和重复使用的一种规范性文件。"乳制品技术标准，规定了乳制品及其加工和生产方法的规则、指南和特性。乳制品技术标准在我国是强制性文件。

技术法规与技术标准虽然都是对产品特性、加工和生产方法所作的规定，但还是有区别的。一是制定目的不同。技术法规的制定主要是出于国家安全要求、防止欺诈行为、保护人类健康或安全、保护动植物健康或安全、保护环境等目的，体现为对公共利益的维护；而制定标准则偏重于指导生产，保证产品质量，提高产品的兼容性。二是内容不同。技术法规为保持其内容的稳定性和连续性，一般侧重于规定产品的基本要求；而技术标准通常规定具体的技术细节。另外，与技术标准相比，技术法规除了关于产品特性或其相应加工和生产方法的规定之外，还包括适用的管理规定。

合格评定。合格评定国家标准对合格评定的定义是："与产品（包括服务）、过程、体系、人员或机构有关的规定要求得到满足的证实。"同时注明：①合格评定的专业领域包括检测、检查和认证，以及对合格评定机构的认可活动。②合格评定对象包括接受合格评定的特定材料、产品（包括服务）、安装、过程、体系、人员或机构。对于乳制品行业而言，合格评定就是对乳制品检验机构（实验室）、质量管理体系认证机构的合法性、合规性、可靠性进行审查，目的是掌握这些机构出具的报告和评定结论的可信性，给用户或消费者提供信任。同时，促进这些机构社会公信力的建立。

乳制品质量安全的合格评定主要有ISO 9000（质量管理体系）、ISO 22000（食品安全管理体系）、HACCP（危害分析与关键控制点）、GMP（良好生产规范）、有机食品等种类的认证活动。

2. 监管方式与工具

一是市场准入。市场准入就是生产许可证制度。它是政府实施监管的重要手段，是政府依据国家有关法律法规对进入乳制品生产领域的厂商制定的强制性限制制度，即只允许那些达到限制性条件的厂商进入乳制品的生产领域，从事乳制品的生产和经营活动；目的是确保进入市场的乳制品是在具备质量安全保障的生产条件下生产的。生产许可证制度包括目录制定、审查部门的设立、产品实施细则的审批，受理企业申请、组织企业生产条件审查、产品质量检测、发证和证后的监督管理等环节。

我国实施乳制品生产许可证制度的相关法规主要有《工业产品生产许可证管理条例》《食品生产许可管理办法》《企业生产乳制品许可条件审查细则》《企业生产婴幼儿配方乳粉许可条件审查细则》等。

乳制品生产许可证由省、自治区、直辖市的市场监督管理局受理，各省、市、县市场监督管理机构，负责本辖区无证产品的查处和获证产品的监管。我国目前的食品安全行政许可办法规定，获得许可证的企业，可以在其生产的产品包装上加贴“SC”标志（原为“QS”），因此，食品生产许可也称为“SC”认证。

二是信息披露。《食品安全信息公布管理办法》对食品安全信息作出了明确的界定，该《办法》第二条规定：“食品安全信息，是指县级以上食品安全综合协调部门、监管部门及政府的其他相关部门在履行职责过程中制作或获知的，以一定形式记录、保存的食品生产、流通、餐饮消费以及进出口等环节的有关信息。”信息披露是乳制品质量安全监管的重要内容，也是防范乳制品质量安全风险的重要手段。因此，我国的相关法律法规对于食品安全的信息披露或信息公开都做了相应的制度规定。比如，《食品安全法》在第一百一十八条设立了食品安全信息统一公布制度；原国家食品药品监督管理局发布的《国家食品药品监督管理局政府信息公开工作办法》，对食品药品信息公开的范围、方式、程序、监督以及保障等问题进行了详细规定；《食品安全信息公布管理办法》明确指出，要通过政府网站、公报、发布会、新闻媒体等多种渠道，及时向社会公布食品安全信息。这些规定充分说明了我国已经初步形成了食品安全信息公开制度的法律框架，法律框架成为乳制品质量安全监管的有力政策工具。

三是风险预警。《食品安全法》将有关食品安全风险监测、评估和预警确立为一项法律制度，并做了具体的规定。风险预警的前提是风险监测与评估，我国食品安全风险监测分为常规监测、专项监测和主动监测三种形式，乳制品质量安全风险监测主要采用常规监测和专项监测形式。乳制品质量安全预警就是基于监测评估和监督管理所获取的信息，综合分析后，对已经明确的乳制品质量安全危害进行风险管理与风险交流，进而对外发布预警信息的过程。

四是信息追溯。信息追溯是乳制品质量安全监管的重要手段。通过建立信息追溯系统，对乳制品供应链中的生鲜乳生产、乳制品加工、销售与消费等各环节的质量安全相关信息进行追溯，最大限度地避免乳制品质量安全事件的发生，以及减少消费者和整个社会的福利损失。

五是奖惩。有效的乳制品质量安全监管，应该是通过各种监管手段，对供应链主体之间因信息不对称而产生的机会主义行为进行遏制。对于这种机会主义行为的监管问题，除了上述监管方式和手段外，激励性规制理论认为，通过设计合适的奖惩机制，协调相关主体之间的利益冲突，是一个有效的手段。

6.2 乳制品质量安全监管体系要素的责权

乳制品质量安全监管体系中的主体是政府，客体是乳制品生产经营企业。监管的基本逻辑，就是政府监管部门掌握着企业自愿或强制提供标签或证书的立法和行政权力，将乳制品质量安全的主要责任赋予乳制品的生产者和经营者，而政府主要负责检验和审查企业对法律规章的遵从情况。

6.2.1 政府的责权

政府有责任制定科学合理的乳制品质量安全政策，并确保充足的乳制品质量安全管理资源。在实际操作中，许多国家的乳制品监管职责由多个不同机构或部门承担。这些机构或部门的作用及职能都不尽相同，因此重复管理、监督分散、缺乏协调的现象比较普遍。各机构和部门之间在专业机构、专业知识和资源方面可能存在相当大的差别，保护公共健康的责任可能与促进贸易或发展经济的职能相冲突。

政府层面的主要职责是：制定有关乳制品的法律法规并与国际要求相一致以促进对整个乳业的综合管理；确保进行有效执法管理的基础设施建设；保证乳制品检验部门工作人员的能力；确保建立官方实验室网络用来进行乳制品质量安全的监测与监督，以及建立食源性疾病的检测网络；在检测和风险评估的基础上进行风险管理决策并确保落实有效的风险预警机制等。具体而言可从两个方面来体现。

1. 乳制品法律法规方面

乳制品法律法规指的是适用于乳制品及其原料生产、加工和销售环节的一整套法律和行政规范规定。有效的乳制品监管工作必然基于乳制品质量安全和消费者保护为重的法律法规。当然，此类法规应具有一定的灵活性，以满足不断变化的乳制品行业要求并适应先进技术和新产品开发带来的变化。乳制品法规最初是要解决乳制品质量问题并保护消费者免受欺诈，而现在人们日益认识到必须更加注重消费者的安全。因此，趋势是从过于具体的、局部性的、以商品为基础的要求转向更多强调风险分析和适用于多种或所有食品种类的食品安全标准。现在的食品法规要应对数不胜数的问题，包括天然污染物、调味品、添加剂、标签、食品成分、营养、食品补充剂、遗传改良以及传统的食品安全问题。除了基本立法工作外，政府还需要组织制定最新的、国际上承认的乳制品标准。

2. 食品监管方面

在国家层面明确职责是为了促进政府各部门间的协调和合作以确保乳制品监管体系的有效运行。要明确界定每一个机构的职能，避免工作重复并在机构间形成统一连贯性。如果政府监管的职能从中央下放到地方，就必须确保各级政府之间的协调工作高效率和具有时效性。在“从农田到餐桌”这一食品综合管理原则的背景下，许多国家都在重新评价如何管理其食品监管体系。发达国家目前的趋势是建立综合性食品安全机构，目的在于协调政府管理。对政府乳制品监管工作进行管理的核心职责包括制定管理措施、执法标准统一、运用以风险分析为基础的方法来确定优先工作领域、监测并核实系统的运行情况、制定最佳操作规范、保证乳制品检验人员能力、提供全面政策指导等。在国家层面可以有多种组织机构来对政府乳制品安全监管工作进行管理，如由多家机构负责食品安全控制（多机构体系）、由一个机构负责统一的食品安全监管（单一机构体系）以及作为安全监管的一个方面采取国家一体化监管方式（综合体系）。

6.2.2 检验机构的责权

乳制品法规的行政管理和实施需要合格的、经过良好训练、高效和诚信可靠的乳制品检验机构。乳制品检验人员是与食品产业、商业以及公众每天接触的主要公务人员。乳制品监管体系的声誉和公正性在很大程度上取决于检验人员的态度和技术。乳制品检验机构负责执行有关的食品法规并核实乳制品生产和销售的厂商在生产、加工、流通和销售的环节是否遵循了相关的法规要求。为此，乳制品检验人员必须经过培训并具有执法和案件处理经验。在乳制品供应链的不同环节对检验人员的任职资格有不同的要求。例如，在奶牛养殖与生鲜乳生产阶段需要农业官员、兽医、奶产品检验员等；

在零售业和餐饮服务环节需要环境卫生官员或食品检验员等；而在调查食源性疾病时则需要公共卫生专家和医生等。检验部门的责任包括：检查乳制品相关场所是否符合卫生规定；以 ISO 22000：2005 食品安全管理体系以及 HACCP 为基础，审查乳制品安全管理体系；官方乳制品抽样和检测；收集证据和案件处理；制定最佳操作规范；确保检验工作达到国际质量标准；加强乳制品质量安全培训和教育；不断进行专业研发；遵守职业道德规范并达到最高专业标准。

1. 监督和监测方面

化学和微生物污染物的监督和监测对保护公共健康十分重要，乳制品供应链中污染物的数据收集和分析对于论证风险评估和标准设定十分关键，在制定国家食品标准时应用风险评估是 WTO 中 SPS 的要求。乳制品监测和监督工作非常必要，可以确保消费者在乳制品供应中避免接触到化学添加剂等污染物或有害微生物。从事官方样品分析的实验室，应遵循国际认可的程序或工作标准并使用经过论证的分析方法。应该把从乳制品中分离出来的病原体数据、突发事件数据、人类疾病数据以及动物疾病数据联系起来，以便形成有关动物感染源、食品载体以及对公共卫生具有重要意义的病原体综合情况。从监测和监督工作中获得的信息是风险管理决策的基础，同时也为开展控制和预防工作提供支持。从事政府监管工作的国家机构应依照良好管理规范并遵循一系列业务标准以保证其工作公正有效。这些机构中还应配备合格的、有经验的工作人员，拥有完善的设施以便顺利开展工作。

2. 信息交流方面

要确保对乳制品监控工作的有效管理除了政府的责任之外，在“从农田到餐桌”链条内向利益相关者传递信息、进行教育变得越来越重要。这些信息包括给消费者提供全面真实的信息，提供有关乳制品质量安全信息、宣传教育信息，加强乳制品检验人员、实验室分析员的具体培训等，使所有的利益相关者获得乳制品监控专业技术知识和技能，从而发挥重要的预防功能。

6.2.3　乳制品企业的责权

生产安全食品是乳制品企业的首要责任。必须保证乳制品生产的各个环节都落实监管体系，才能避免或根除消费者的风险或将其减少到可接受的程度。乳制品企业都有必要与监管机构保持积极的对话，就乳制品质量安全标准达成一致意见，并确保企业与政府乳制品质量安全监管体系之间高效率的紧密结合。

1. 乳制品行业组织的责权

在乳制品行业中倡导使用最严格的乳制品质量安全标准，并为整个行业设定需要达到的目标。行业组织能够制定达成一致的、专门针对乳制品行业的操作规范、指导性文件以及行业标准。在制定国际操作规范、建议书和指南以及提供技术支持和专家建议方面，行业组织也能起到作用。

2. 生鲜乳生产环节的责权

随着种植业、畜牧业集约化生产的不断发展，奶农逐渐与最终消费者相脱离，使奶农对自身行为给最终消费者的健康带来的后患估计不足，只注重直接客户而忽视最终消费者。奶农必须注重奶牛饲料以及生鲜乳生产方式的安全和质量并了解对最终产品的质量安全可能产生的影响。不正确使用饲料、牧场环境污染都会对最终乳制品产生影响。奶农应详细记录有关饲料、生鲜乳生产方式及销售情况，以便协助实施质量安全监管措施并实现乳制品的可追溯性。国家也应该通过建立相应的法律法规来完善这一体系。生鲜乳生产中容易给乳制品质量安全带来危险的主要因素是滥用兽药、滥用添加剂和牧场卫生环境差等。在奶牛养殖和生鲜乳生产过程中，奶农要尽可能实施GMP。例如，对于兽药的使用，奶农和兽医有责任严格遵守有关兽药许可、流通和使用的监控措施，在所有环节确保乳制品的质量安全。

3. 乳制品加工环节的责权

乳制品生产者有义务采取管理措施确保产品的质量安全。乳制品生产者不仅应该对生鲜乳进行质量安全监测，还应该对生产的产品进行质量安全监测，建立产品的可追溯性档案，实施卫生标准操作程序 SSOP 和良好操作规范 GMP，并在生产加工中采用 HACCP 管理系统。

4. 乳制品零售环节的责权

乳制品零售是指向消费者销售乳制品，既包括超市和食品零售店铺，也包括餐饮业。乳制品零售商与加工者一样应采用乳制品安全管理系统，即在经营活动中遵守卫生管理规范，并采用 HACCP 方法对乳制品质量安全危害进行积极主动的识别和控制。在超市和食品零售店铺中，乳制品的制备可能造成乳制品的质量安全问题，因此餐饮业必须落实 HACCP 系统；HACCP 系统在餐饮零售业中能够发挥有效作用，只是由于食品制备过程的各种复杂布局，它的实施难度比生产环节要大。此外，还应对员工个人卫生、设备和店铺卫生及员工培训给予高度重视。发展中国家的街头食品普遍存在，这些国家的街头食品商贩同样是乳制品供应链的重要环节，世界卫生组织 WHO 已经就街头食品商贩的责任问题提供了具体的指导准则。

6.2.4　消费者的责权

消费者有责任保护自身及家庭免受与乳制品制备和消费有关的风险危害。乳制品储藏不当或其他原因都可能引起食源性疾病。消费者应该掌握预防疾病传播所需要采取的防范措施，因此，有必要对消费者进行乳制品卫生和安全基本原则教育。世界卫生组织 WHO 列举了有关消费者保护自身及家庭所需要了解的基础知识范例——食品安全的五个关键环节，即清洗、烹调、生熟食品隔离、适当的保存温度以及使用洁净安全的水源和材料。

6.3　乳制品质量安全监管体系运行逻辑

乳制品质量安全监管体系的有效运行是保障乳制品质量安全的基础，体系运行的逻辑起点是社会公共利益。然而，市场中信息不对称现象、外部性问题、垄断问题的存在，会损害社会公共利益。就是说，这些问题的存在会让市场经济主体的企业实施机会主义行为，必须有一种力量来遏制这种现象的发生，这个责任只能是落在掌握公权力的政府身上。体系运行中的角色定位自然就是，监管者是政府，被监管对象是企业。

乳制品质量安全监管体系的运行逻辑，就是监管者运用政策工具，对监管对象进行直接干预，使其行为达到预期目的循环过程，如图 6 – 2 所示。

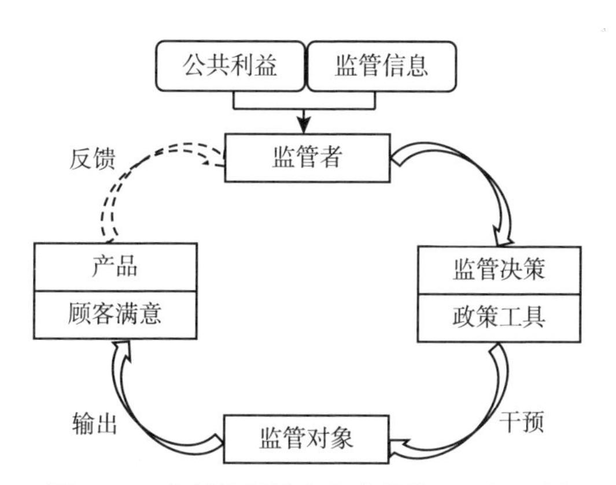

图 6 – 2　乳制品质量安全监管体系运行逻辑

这里的监管者是政府质量安全监管的各行政部门，这些部门既包括质量技术监督行政机关，也包括分散于各有关行政职能部门的质量安全监管机构。监管者监管决策的依据或动力来源于政府履行对社会公共利益维护的基本职责，或消费者对乳制品质量安全问题的投诉、抱怨以及新闻舆论的压力。

被监管的对象是市场中的乳制品生产经营企业，主要是对企业质量行为的监督与管理。在企业的许多生产行为中，依据法律法规，其生产产品的权力、所生产产品的标准、产品进入市场的资格等，都需要经过政府质量监管部门的许可和同意。就是说，企业的质量行为，必须受到来自政府的约束。

政策工具是实施监管的依据和手段。政府对乳制品企业质量行为的改变，一是依靠法律所赋予政府部门的行政职能与强制权力；二是依据与乳制品生产经营有关的法律法规。

因此，乳制品质量安全监管体系的运行机理，就是监管者在履行维护社会公共利益的基本职责，以及掌握消费者对乳制品质量安全信息反馈的基础上，依据有关法律法规，通过检查、许可或认证的方式，对企业的有关经营决策活动施加直接的干预。干预措施的实施效果需要及时反馈给政策制定机构或决策机构，对偏离目标的行为进行纠正，以便克服薄弱环节。

概括起来，乳制品质量安全监管体系的运行逻辑应该是一个由监管动力引发的政策传导、绩效反馈、决策修正的闭环。

为了保证乳制品质量安全监管体系的有效运行，还需要弄清楚以下几个问题，即乳制品质量安全的监管步骤，乳制品质量安全监管的强制性与其法定依据，乳制品质量安全监管公正性的前提条件。

6.3.1 乳制品质量安全监管体系的运行步骤

乳制品质量安全监管步骤包括确定监管目标、选择监管方案和建立反馈回路。

1. 确定监管目标

政府监管机构根据获取的相关信息做出对乳制品的质量安全实施监管的决策后，首先要考虑的是对问题的界定，确定监管目标，并将监管目标具体化。之所以要分解监管目标，并使目标具体化，是因为乳制品质量安全问题的存在广泛且复杂，每一次监管行动不可能解决所有问题，需要按照轻重缓急对目标进行分解分级，明确优先顺序。

2. 选择监管方案

选择监管方案主要是根据质量安全问题的类型和监管目标，选择合适的监管工具（手段）。所选监管工具要与问题类型、监管目标相匹配，一级、二级、三级手段分别对应于一级、二级、三级目标。如果需要的话，可以构建或直接应用数学模型对这些方案进行优选评估。对方案进行评估时主要考虑三个方面：

（1）考虑监管方案的可行性。方案在技术上可行、经济上合理；

（2）考虑监管方案的效率。方案的实施应该是高效的；

（3）考虑监管方案的不确定性。方案要有弹性。

3. 建立反馈回路

监管措施的实施效果需要及时通过监管对象输出的乳制品质量安全情况，以及消费者满意度情况反馈给监管者（政策制定机构或决策机构）。反馈的信息一方面作为验证本轮监管措施是否达到预期目标的依据，另一方面作为下一轮的监管行为的目标。

6.3.2　乳制品质量安全监管的强制性与其法定依据

政府质量安全监管的本质特征是它的强制性，这是一种行政权力的强制应用。如果没有这些行政权力的强制应用，监管的有效性就会受到极大的影响，因而，政府的质量监管必须建立在强制性的基础上。但是，这种强制性的监管行政权力，天然地具有自我扩张性，以及权力行使的不规范性，这就需要对这种强制权力进行约束。

对政府质量监管最大的约束来自法律的授权。对一个社会公民来说，法无禁止即可为；但是对政府质量监管来说，法无授权即禁止。这就是说，任何政府质量监管的行政行为，都必须有明确的法律规定和授权，没有法律规定和授权的监管机构，即使是认为监管对象的质量行为是错的，也不能履行监管职责。对于政府质量监管所得到的法律授权，首先是符合政府对质量安全的基本管辖。法律对于政府质量监管的范围应该严格限定在有关质量安全的领域，超越这一领域，就不是政府质量监管的基本范畴，如果实施监管就意味着对有限的监管资源造成浪费。

另外，严格的法律授权，不仅使政府质量监管部门有了明确而规范的监管依据，更为重要的是，法律对于质量监管的明确授权，实际上是创造了一个明确的政府质量监管的制度。这一制度会将社会对质量的最低标准，也就是“质量安全”标准，予以明确的规范。同时这一制度，也将政府质量监管的范畴给予了明确的划定；还会相应地规定，违反法律所规定的质量标准的企业，其质量行为可能会受到的处罚标准。政府法律制度所确定的这样一些质量监管的行为规则，实际上为企业质量行为的选择提供了一个明确、稳定和可预期的质量环境。企业的质量行为的选择，在很大程度上取决于他们对预期的判断，其中政府所制定的质量领域的法规，就是企业质量行为选择的重要依据。企业会基于政府质量法律的制度规则，选择自己的质量行为。一个依据法律来行使职权的政府质量监管，会使企业质量行为的选择具有明确的预期。应该承认，在社会中许多企业之所以在质量行为上表现出投机主义的短期行为，其背后的原因，在很大程度上是来自于对政府质量制度环境的不确定，也就是不能理性地判断政府所规范的质量法律，不能确定政府会采取相应的行政监管行为。面对这种不确定的质量法律环境，企业的质量行为只能是“走一步，看一步”，这就为企业采取短期的质量机会主义行为创造了条件。

目前，有些政府质量监管机构习惯采取“运动式”的质量监管行为，也就是当碰到某一个重大的突发性质量事件，则以运动的方式对企业进行密集的“战役式”监管。而事件的影响一旦消退，“战役式”的质量监管也就立即终止。这种运动式的政府质量监管行为，给企业带来的监管认知就是，在更长时间段范围内，企业不会遇到政府的质量监管；政府质量监管行为一般是伴随着突发性质量安全事件的发生。因而，企业很自然地就会在这种非常态性的监管状态中，放松日常的质量行为，而发明一些特定的做法。只要有办法应付过去这几场极少数的“运动式”监管，企业的质量行为就可以低于正常的质量标准。这种缺乏法律制度规范的间歇式的质量监管方式，对企业质量行为会产生严重的误导。因而，只有建立在法律明确授权基础上的政府质量监管，才能对质量安全领域实施有效的监管，而且，还能为企业提供一个具有稳定预期的质量法制制度①。

6.3.3 乳制品质量安全监管公正性的前提条件

政府监管，意味着行使公权力的行政机构对乳制品质量安全的管理和控制。政府质量监管能够保持其权威和公正的前提，就是政府的质量监管部门

---

① 陈虹．宏观质量管理［M］．武汉：湖北人民出版社，2009.

与被监管对象不能有任何的利益关联。首先需要明确的是，政府的质量监管是以乳制品质量安全的抽查等行为为其主要手段的。在这里，政府的质量抽查，决不等于政府对企业的质量服务，而是一种基于法律授权的质量监管行为的行使。更明确地说，政府行使的质量抽查行为，就是政府在质量领域的公共权力的行使，绝不是一种面向企业的质量服务行为。那么，政府依照法律授权而行使的质量抽查既然是一种公共行为，就必须用公共财政的资金予以行使，而不能向被抽查的企业收取检查的服务费用。因为，这种收取费用的行为，不仅从根本上混淆了政府抽查行为的公共性，而且在某种程度上会变异为利用政府的行政权力向企业强行收取费用的借口。政府既然要履行质量监管的职责，而质量抽查又是履行这种职责的必然手段，那么，这种抽查行为的费用就应该全部由公共财政支付。

政府所属的质量检验机构之所以能够向企业进行质量抽查，并不是出于企业的自愿，而是国家法律的强制规定。这种强制性的质量抽查行为，如果向非自愿的抽查对象收取费用，在逻辑上是行不通的。收取了对方的费用，而又不给对方质量抽查合格性的结果，这种行为难免有失“公平”。

企业之所以愿意向第三方的市场质量监管机构支付费用，是因为他要借助市场监管机构的信号机制，来传递自己的质量信息。市场质量监管机构之所以在收取费用的情况下，还能够严格履行质量抽查行为，是由于市场质量抽检机构本身面临着其他机构的竞争。所以，一般都是基于真实质量状况的反映。而政府强制性的质量检验机构所从事的质量检验行为，并不是市场有效竞争的结果，而是法律授予的公共权力。问题在于，公共权力行使的成本的部分却要由被监管对象支付。因而，一个非竞争的机构，依靠法定权力所获得的垄断性的质量检测，其向对方收取的费用的代价，一定是公正性的检验结果的丧失。

关于政府所属质量检验机构，当前的改革趋势是，除了建立技术水平先进的质量检测实验室外，逐渐将现有的质量检验机构在人、财、物上实行彻底的脱钩，让这些机构通过自己专业的服务来获得收益。政府可以委托这些机构进行质量抽查工作，采用政府采购的方式进行公开招标。

第7章　基于反应性指标的乳制品质量安全风险预警

对乳制品质量安全风险的预测和预警，需要进行相关指标的检测。根据预测和预警的目的，所需检测的指标分两类。一类是检测乳制品的营养与卫生方面的指标，比如蛋白质、微生物、添加剂等。这类指标反映了乳制品的质量安全状况和水平，所以，本书将这类指标命名为反应性指标。另一类是检测乳制品的成品在形成过程中影响其质量安全的指标，比如饲料的合格率、生产加工用水卫生合格率等，本书将这类指标命名为形成性指标。故此，本书分别探讨两种情况，本章探讨的是反应性指标的风险预警问题，第8章探讨的是形成指标的风险预警问题。

7.1　乳制品质量安全风险的反应性指标分析

乳制品质量安全与否，首先取决于原料生乳的质量安全。原料生乳富含乳糖、脂肪、蛋白质及盐类等对人体有益的物质。但是，原料生乳在生产、加工、存储、运输、销售过程中极易受到各种外来因素的影响，导致乳制品的质量安全问题。例如，饲料中的农药和重金属、医治病畜所用的兽药和抗生素等外来物质，都会由奶牛乳腺分泌到乳汁中，通过乳制品进入人体，使消费者的身体健康受到危害①。此外，一些不法的乳制品加工商为了牟取利益，私自超标、超量地使用各种食品添加和营养强化剂，使得乳制品质量安全的风险防范更加复杂和困难。根据乳品安全的相关国家标准，以及综合各类乳制品的技术要求，将反映乳制品质量安全风险的指标，即乳制品质量安全的反应性指标，分为理化指标、污染物污染、真菌毒素、微生

① Teimoory, H., et al. Antibacterial activity of Myrtus communis L. and Zingiber officinalerose extracts against some Gram positive pathogens [J]. *Research Opinions in Animal and Veterinary Sciences*, 2013 (3): 478-481.

物污染、农药残留和兽药残留、乳酸菌数、食品添加剂和营养强化剂等几类。

7.1.1　乳制品的理化指标

不同品种的乳制品其理化指标也不一样。原料生乳的理化指标包括脂肪、蛋白质非脂乳固体、杂质度、酸度、相对密度和冰点；液体乳类的理化指标主要是指脂肪、蛋白质、非脂乳固体和酸度；乳粉类的理化指标主要是指脂肪、蛋白质、复原乳酸度、杂质度和水分；炼乳类的理化指标主要是指脂肪、蛋白质、乳固体、蔗糖、水分和酸度；乳脂肪类的理化指标主要是指脂肪、非脂乳固体、酸度和水分；干酪类中对原干酪的理化指标无硬性要求，再制干酪的理化指标是脂肪（干物中）和最小干物质含量。其他乳制品类的理化指标主要是指蛋白质、灰分、乳糖和水分。原料生乳及各种乳制品理化指标的国家标准的基本要求，如表7－1～表7－7所示。

表7－1　　原料生乳的理化指标

	脂肪（g/100g）	蛋白质（g/100g）	非脂乳固体（g/100g）	杂质度（mg/kg）	酸度（°T）	相对密度（20℃/4℃）	冰点（℃）
指标	≥3.1	≥2.8	≥8.1	≤4.0	12～18	≥1.027	－0.500～－0.560

资料来源：GB 19301－2010《食品安全国家标准　生乳》。

表7－2　　液体乳类乳制品的理化指标

	脂肪（g/100g）	蛋白质（g/100g）	非脂乳固体（g/100g）	酸度（°T）
指标	≥3.1	≥2.9	≥8.1	12～18

资料来源：GB 19645－2010《食品安全国家标准　巴氏杀菌乳》。

表7－3　　乳粉类乳制品的理化指标

	脂肪（%）	蛋白质（%）	复原乳酸度（°T）	杂质度（mg/kg）	水分（%）
指标	≥26.0	≥非脂乳固体的34	≤18	≤16	≤5.0
非脂乳固体（%）＝100%－脂肪(%)－水分（%）					

资料来源：GB 19644－2010《食品安全国家标准　乳粉》。

表 7-4　　　　炼乳类乳制品的理化指标

	淡炼乳	加糖炼乳	调制炼乳	
			调制淡炼乳	调制加糖炼乳
脂肪（g/100g）	7.5≤X<15.0	7.5≤X<15.0	≥7.5	≥8.0
蛋白质（g/100g）	≥非脂乳固体的34%	≥非脂乳固体的34%	≥4.1	≥4.6
酸度（°T）	≤48.0	≤48.0	≤48.0	≤48.0
水分（%）	—	≤27.0%	—	≤28.0%
乳固体（g/100g）	≥25.0	≥28.0	—	—
蔗糖（g/100g）	≤45.0	—	≤48.0	—
乳固体（%）=100%-水分（%）-蔗糖（%）				

资料来源：GB 13102-2010《食品安全国家标准　炼乳》。

表 7-5　　　　乳脂肪类乳制品的理化指标

	稀奶油	奶油	无水奶油
脂肪（%）	≥10.0%	≥80.0%	≥99.8%
非脂乳固体（%）	—	≤2.0%	—
酸度（°T）	≤30.0	≤20.0	—
水分（%）	—	≤16.0%	≤0.1%
无水奶油的脂肪(%)=100%-水分(%) 非脂乳固体(%)=100%-脂肪(%)-水分(%)(含盐奶油还应减去食盐含量)			

资料来源：GB 19646-2010《食品安全国家标准　稀奶油、奶油和无水奶油》。

表 7-6　　　　干酪类乳制品的理化指标

	再制干酪				
脂肪（干物中）(X1)/(%)	60.0≤X1≤75.0	45.0≤X1<60.0	25.0≤X1<45.0	10.0≤X1<25.0	X1<10.0
最小干物质含量（X2）/(%)	44	41	31	29	25
干物质中脂肪含量（%）：X1=[再制干酪脂肪质量/(再制干酪总质量-再制干酪水分质量)]×100% 干物质含量(%)：X2=[(再制干酪总质量-再制干酪水分质量)/再制干酪总质量]×100%					

资料来源：GB 5420-2010《食品安全国家标准　干酪》。

表7-7 其他乳制品类乳制品的理化指标

项目	脱盐乳清粉	非脱盐乳清粉	乳清蛋白粉
蛋白质（g/100g）	≥10.0	≥7.0	≥25.0
水分（g/100g）	≤5.0	≤5.0	≤6.0
灰分（g/100g）	≤3.0	≤15.0	≤9.0
乳糖（g/100g）	≥61.0	≥61.0	—

资料来源：GB 11674－2010《食品安全国家标准 乳清粉和乳清蛋白粉》。

7.1.2 乳制品的污染物污染

乳制品的污染物污染是指乳制品在生产、加工、包装、贮存、运输、销售、食用等过程中产生的或由环境污染带入的、非有意加入的化学性危害物质（除农药残留、兽药残留、生物毒素和放射性物质以外）。随着有毒化合物与环境污染物（尤其是重金属）浓度的增加，乳制品质量安全水平会逐渐降低[①]。《食品安全国家标准 食品中污染物限量》对乳制品污染物规定的最大限量主要是一些重金属元素和亚硝酸盐，具体限量的国家标准如表7－8所示。

表7-8 乳制品中污染物污染的最大限量标准 单位：mg/kg

污染物名称	生乳	液体乳类	乳粉类	炼乳类	乳脂肪类	干酪类	其他乳制品类
铅（Pb）	0.05	0.05	0.5	0.3	0.3	0.3	0.5
总汞（Hg）	0.01	0.01	0.01	0.01	—	—	—
总砷（As）	0.1	0.1	0.5	0.1	—	—	—
铬（Cr）	0.3	0.3	2.0	0.3	—	—	—
镉（Cd）	0.005	0.005	0.01	0.01	—	—	—
亚硝酸盐（$NaNO_2$）	0.4	—	2.0	—	—	—	—

资料来源：GB 2762－2012《食品安全国家标准 食品中污染物限量》、欧盟委员会（EU）No 488/2014《食品中镉的最大限量修订》。

① Mohammad Rezaei, Hajar Akbari Dastjerdi, Hassan Jafari, et al. Assessment of dairy products consumed on the Arakmarket as determined by heavy metal residues [J]. *Health*, 2014, 6 (5): 323－327.

7.1.3 乳制品的真菌毒素污染

真菌毒素是真菌在生长繁殖过程中产生的次生有毒代谢物质，可通过饲料或食品进入动物和人的体内，引起急性或慢性中毒，真菌毒素的慢性毒性对人体健康危害巨大。常见的真菌毒素有黄曲霉毒素 B1（Aflatoxin B1）、黄曲霉毒素 M1（Aflatoxin M1）、玉米赤霉烯酮/F－2 毒素（ZEN/ZON，Zearalenone）、赭曲毒素 A（Ochratoxin）、T2 毒素（Trichothecenes）、脱氧雪腐镰刀菌烯醇/呕吐毒素（DON，deoxynivalenol）、展青霉素（patulin）、伏马毒素/烟曲霉毒素（Fumonisins，包括伏马毒素 B1、B2、B3）。这其中毒性最大、对人体危害最突出的是黄曲霉毒素。它会使奶牛产奶量下降，损害奶牛的肝脏，抑制免疫功能，导致疾病暴发。另外，黄曲霉毒素还会将黄曲霉毒素 B1、黄曲霉毒素 M1 的形态分泌到牛奶中，影响乳制品的质量安全。GB 2761－2011《食品安全国家标准食品中真菌毒素限量》对乳制品中黄曲霉毒素的限量要求，如表 7－9 所示。

表 7－9　乳制品中黄曲霉毒素的限量标准　　单位：μg/kg

真菌毒素类别	生乳	液体乳类	乳粉类			
			婴儿配方食品	较大婴儿和幼儿配方食品	特殊医学用途婴儿配方食品	婴幼儿谷类辅助食品
黄曲霉毒素 B1	—	—	0.5（以粉状产品计）	0.5（以粉状产品计）	0.5（以粉状产品计）	0.5
黄曲霉毒素 M1	0.5	0.5	0.5（以粉产品计）	0.5（以粉状产品计）	0.5（以粉状产品计）	—

资料来源：GB 2761－2011《食品安全国家标准　食品中真菌毒素限量》。

7.1.4 乳制品的微生物污染

微生物的体型微小、结构简单，但其种类繁多，能在各种环境中生长繁殖，并当自身或外界条件变化时，会发生变异。因此，微生物污染是十分难以控制的危害因素。在我国，微生物污染是引起食源性疾病的主要原因。引发乳制品质量安全问题的微生物污染源主要是金黄色葡萄球菌、大肠杆菌、李斯特氏菌、沙门氏菌、阪崎肠杆菌、空肠弯曲菌、痢疾杆菌、蜡样芽孢杆菌等危害因素。乳制品中微生物含量国家标准的限量要求如表 7－10所示。

表 7－10　　　　　　　乳制品中微生物污染的限量标准

乳制品种类	采样方案及限量（若非指定，均以 CFU/g 或 CFU/mL 表示）	菌落总数	大肠菌群	金黄色葡萄球菌	沙门氏菌	单核细胞增生李斯特氏菌	霉菌	酵母
生乳	—	≤2000000	—	—	—	—	—	—
液体乳类（巴氏杀菌乳）	n	5	5	5	5	—	—	—
	c	2	2	0	0	—	—	—
	m	50000	1	0/25g（mL）	0/25g（mL）	—	—	—
	M	100000	5	—	—	—	—	—
乳粉类（乳粉）	n	5	5	5	5	—	—	—
	c	2	1	2	0	—	—	—
	m	50000	10	10	0/25g	—	—	—
	M	200000	100	100	—	—	—	—
炼乳类（炼乳）	n	5	5	5	5	—	—	—
	c	2	1	0	0	—	—	—
	m	30000	10	0/25g（mL）	0/25g（mL）	—	—	—
	M	100000	100	—	—	—	—	—
乳脂肪类	n	5	5	5	5	—	≤90	—
	c	2	2	1	0	—		—
	m	10000	10	10	0/25g（mL）	—		—
	M	100000	100	100	—	—		—
干酪类	n	5	5	5	5	5	≤50	≤50
	c	2	2	2	0	0		
	m	100	100	100	0/25g	0/25g		
	M	1000	1000	1000	—	—		

续表

乳制品种类	采样方案及限量（若非指定，均以CFU/g或CFU/mL表示）	菌落总数	大肠菌群	金黄色葡萄球菌	沙门氏菌	单核细胞增生李斯特氏菌	霉菌	酵母
其他乳制品类（乳清粉）	*n*	—	—	5	5	—	—	—
	c	—	—	2	0	—	—	—
	m	—	—	10	0/25g	—	—	—
	M	—	—	100	—	—	—	—

n：同一批次产品应采集的样品件数
c：最大可允许超出 *m* 值的样品数
m：微生物指标可接受水平的限量值
M：微生物指标的最高安全限量值

资料来源：乳品安全国家标准。

7.1.5 乳制品的农药残留

农药残留是农药使用后一个时期内没有被分解而残留于生物体、收获物、土壤、水体、大气中的微量农药原体、有毒代谢物、降解物和杂质的总称。2014 年 3 月由国家卫生和计划生育委员会与农业部联合发布的食品安全国家标准（GB 2763 - 2014）对残留物的定义是：由于使用农药而在食品、农产品和动物饲料中出现的任何特定物质，包括被认为具有毒理学意义的农药衍生物，如农药转化物、代谢物、反应产物及杂质等。最大残留限量（Maximum Residue Limit，MRL）是指在食品或农产品内部或表面法定允许的农药最大浓度。再残留限量（Extraneous Maximum Residue Limit，EMRL）是一些持久性农药虽已禁用，但还长期存在于环境中，从而再次在食品中形成残留，为控制这类农药残留物对食品的污染而制定其在食品中的残留限量。每日允许摄入量（Acceptable Daily Intake，ADI）是指人类终生每日摄入某物质，而不产生可检测到的危害健康的估计量。对乳制品中农药残留限量的国家标准要求，如表 7 - 11 所示。

表7-11 乳制品中农药残留的限量标准

种类	残留物名称	主要用途	ADI（mg/kg bw）	MRL/MRL（mg/kg）
硫丹（endosulfan）	α-硫丹和β-硫丹及硫丹硫酸酯之和	杀虫剂	0.006	0.01
艾氏剂（aldrin）	艾氏剂	杀虫剂	0.0001	0.006
滴滴涕（DDT）	p，p′滴滴涕、o，p′-滴滴涕、p，p′-滴滴伊和p，p′-滴滴滴之和	杀虫剂	0.01	0.02
狄氏剂（dieldrin）	狄氏剂	杀虫剂	0.0001	0.006
林丹（lindane）	林丹	杀虫剂	0.005	0.01
六六六（HCB）	α-六六六、β-六六六、γ-六六六和δ-六六六之和	杀虫剂	0.005	0.02
氯丹（chlordane）	植物源食品为顺式氯丹、反式氯丹之和；动物源食品为顺式氯丹、反式氯丹与氧氯丹之和	杀虫剂	0.0005	0.002
七氯（heptachlor）	氯与环氧七氯之和	杀虫剂	0.0001	0.006

资料来源：GB 2763-2014《食品安全国家标准 食品中农药最大残留限量》。

7.1.6 乳制品的兽药残留

根据联合国粮农组织（FAO）和世界卫生组织（WHO）食品中兽药残留联合立法委员会对兽药残留的定义可知，兽药残留是指动物产品的任何可食部分所含兽药的母体化合物及（或）其代谢物，以及与兽药有关的杂质，既包括原药也包括其代谢产物。2002年12月，农业部发布了经修订的《动物性食品中兽药最高残留限量》，对兽药残留的规定分成三类：第一，凡农业部批准使用的兽药，按质量标准、产品使用说明书规定用于食品动物，不需要制定最高残留限量的；第二，凡农业部批准使用的兽药，按质量标准、产品使用说明书规定用于食品动物，需要制定最高残留限量的；第三，凡农业部批准使用的兽药，按质量标准、产品使用说明书规定可以用于食品动物，但不得检出兽药残留的。与乳制品相关的需要制定兽药最大残留量的规定如表7-12所示。

表 7－12　　乳制品中兽药残留的限量标准

种类	残留物名称	ADI (μg/kg bw)	MRL/MRL (μg/kg)
阿苯达唑（Albendazole）	Albendazole + $ABZSO_2$ + ABZSO + $ABZNH_2$	50	100
双甲脒（Amitraz）	Amitraz +2，4 – DMA 的总量	3	10
阿莫西林（Amoxicillin）	Amoxicillin	—	10
氨苄西林（Ampicillin）	Ampicillin	—	10
杆菌肽（Bacitracin）	Bacitracin	39	500
苄星青霉素/普鲁卡因青霉素（Benzylpenicillin）/(Procaine Benzylpeni-cillin)	Benzylpenicillin	30	4
倍他米松（Betamethasone）	Betamethasone	0.015	0.3
头孢氨苄（Cefalexin）	Cefalexin	54.4	100
头孢喹肟（Cefquinome）	Cefquinome	3.8	20
头孢噻呋（Ceftiofur）	Desfuroylceftiofur	50	100
克拉维酸（Clavulanicacid）	Clavulanicacid	16	200
氯羟吡啶（Clopidol）	Clopidol	—	20
氯唑西林（Cloxacillin）	Cloxacillin	—	30
粘菌素（Colistin）	Colistin	5	50
达氟沙星（Danofloxacin）	Danofloxacin	20	30
溴氰菊酯（Deltamethrin）	Deltamethrin	10	30
地塞米松（Dexamethasone）	Dexamethasone	0.015	0.3
二嗪农（Diazinon）	Diazinon	2	20
三氮脒（Diminazine）	Diminazine	100	150
恩诺沙星（Enrofloxacin）	Enrofloxacin + Ciprofloxacin	2	100
红霉素（Erythromycin）	Erythromycin	5	40
奥芬达唑（Oxfendazole）	可提取的 Oxfendazole sulphone	7	100
氰戊菊酯（Fenvalerate）	Fenvalerate	20	100
醋酸氟孕酮（Flugestone Acetate）	Flugestone Acetate	0.03	1
氟甲喹（Flumequine）	Flumequine	30	50

续表

种类	残留物名称	ADI (μg/kg bw)	MRL/MRL (μg/kg)
氟氯苯氰菊酯（Flumethrin）	Flumethrin（sum of trans – Z – isomers）	1.8	30
庆大霉素（Gentamycin）	Gentamycin	20	200
氮氨菲啶（Isometamidium）	Isometamidium	100	10
伊维菌素（Ivermectin）	22，23 – Dihydro-avermectin B1a	1	10
林可霉素（Lincomycin）	Lincomycin	30	150
新霉素（Neomycin）	Neomycin B	60	500
苯唑西林（Oxacillin）	Oxacillin	—	30
土霉素/金霉素/四环素（Oxytetracycline)/(Chlortetracycline)/(Tetr – acycline）	Parent drug，单个或复合物	30	100
辛硫磷（Phoxim）	Phoxim	4	10
大观霉素（Spectinomycin）	Spectinomycin	40	200
链霉素/双氢链霉素（Streptomycin)/(Dihydrostreptomycin）	Sum of Streptomycin + Dihydrostreptomycin	50	200
磺胺类（Sulfonamides）	Parent drug（总量）	—	100
磺胺二甲嘧啶（Sulfadimidine）	Sulfadimidine	50	25
噻苯咪唑（Thiabendazole）	[噻苯咪唑和5 – 羟基噻苯咪唑]	100	100
甲砜霉素（Thiamphenicol）	Thiamphenicol	5	50
替米考星（Tilmicosin）	Tilmicosin	40	50
敌百虫（Trichlorfon）	Trichlorfon	20	50
甲氧苄啶（Trimethoprim）	Trimethoprim	42	50
泰乐菌素（Tylosin）	Tylosin A	6	50

资料来源：农业部：《动物性食品中兽药最高残留限量》，2002年12月。

7.1.7　乳制品的乳酸菌数

乳酸菌作为一种影响发酵乳质量安全的微生物，对于人体来说是益生菌。诺贝尔医学与生理学奖获得者梅契尼柯夫（Elie Metchnikoff）曾在其“长寿学说”中得出这样的结论：乳酸菌是一种益生菌，也是一种长寿菌。

他认为，衰老是因为肠道菌产物对人体的毒害作用，而乳酸菌可以在人体肠道中定植，调节机体正常菌群，控制内毒素的产生，抑制毒性反应。国际上公认的乳酸菌也被认为是最安全的菌种，是最具代表性的肠内益生菌，人体肠道内以乳酸菌为代表的益生菌数量越多越好。乳酸菌的主要生理作用有：（1）维持肠道菌群的微生态平衡；（2）增强机体免疫功能；（3）预防和抑制肿瘤发生；（4）改善制品风味；（5）提高营养利用率、促进营养吸收；（6）控制内毒素、降低胆固醇；（7）延缓机体衰老①。发酵乳对乳酸菌数规定的国家标准如表 7－13 所示。

表 7－13　　发酵乳中乳酸菌数的限量标准　　CFU/g（mL）

项目	限量
乳酸菌数	$\geq 1\times 10^{6}$
发酵后经热处理的产品对乳酸菌数不作要求	

资料来源：GB 19302－2010《食品安全国家标准　发酵乳》。

7.1.8　乳制品的食品添加剂和营养强化剂

国家食品安全法将食品添加剂定义为改善食品品质和色、香、味以及为防腐、保鲜和加工工艺的需要而加入食品中的人工合成或天然物质。营养强化剂是为了增加食品的营养成分（价值）而加入食品中的天然或人工合成的营养素和其他营养成分。因此，食品添加剂与营养强化剂的使用安全直接关系到乳制品的质量安全。目前，我国所使用的食品添加剂共有 23 大类 2455 种，营养强化剂主要有维生素、矿物质和氨基酸三类。主要的食品添加剂与营养强化剂国家标准的限量要求，如表 7－14 和表 7－15 所示。

表 7－14　　乳制品中食品添加剂的限量标准　　单位：g/kg

乳制品种类	食品添加剂名称	功能	最大使用量
风味发酵乳	β－阿朴－8′－胡萝卜素醛（β－apo－8′－carotenal）	着色剂	0.015
再制干酪	β－阿朴－8′－胡萝卜素醛（β－apo－8′－carotenal）	着色剂	0.018

① 苗君莅，陈有容，齐凤兰，等．乳酸菌在乳制品及其他食品中的应用拓展［J］．中国食物与营养，2005（10）：25－27.

续表

乳制品种类	食品添加剂名称	功能	最大使用量
乳制品	丙二醇脂肪酸酯（propyleneglycolestersof-fattyacid）	乳化剂、稳定剂	5.0
干酪和再制干酪及其类似品	刺云实胶（taragum）	增稠剂	8.0
调制乳	N－[N－(3,3－二甲基丁基)]－L－α－天门冬氨－L－苯丙氨酸1－甲酯(又名纽甜)(neotame)	甜味剂	0.02
风味发酵乳	N－[N－(3,3－二甲基丁基)]－L－α－天门冬氨－L－苯丙氨酸1－甲酯(又名纽甜)(neotame)	甜味剂	0.1
调制乳粉和调制奶油粉	N－[N－(3,3－二甲基丁基)]－L－α－天门冬氨－L－苯丙氨酸1－甲酯(又名纽甜)(neotame)	甜味剂	0.065
稀奶油（淡奶油）及其类似品	N－［N－（3，3－二甲基丁基）］－L－α－天门冬氨－L－苯丙氨酸1－甲酯（又名纽甜）（neotame）	甜味剂	0.033
干酪类似品	N－[N－(3,3－二甲基丁基)]－L－α－天门冬氨－L－苯丙氨酸1－甲酯(又名纽甜)(neotame)	甜味剂	0.033
乳粉（包括加糖乳粉）和奶油粉及其调制产品	二氧化硅（silicondioxide）	抗结剂	15.0
其他乳制品（如乳清粉、酪蛋白粉）	二氧化硅（silicondioxide）	抗结剂	15.0
风味发酵乳	番茄红（tomatored）	着色剂	0.006
调制乳	番茄红素（lycopene）	着色剂	0.015
风味发酵乳	番茄红素（lycopene）	着色剂	0.015
稀奶油	瓜尔胶（guargum）	增稠剂	1.0
乳制品	海藻酸丙二醇酯（propylene glycol alginate）	增稠剂、乳化剂、稳定剂	3.0
调制乳、风味发酵乳	海藻酸丙二醇酯（propylene glycol alginate）	增稠剂、乳化剂、稳定剂	4.0

续表

乳制品种类	食品添加剂名称	功能	最大使用量
淡炼乳（原味）	海藻酸丙二醇酯（propylene glycol alginate）	增稠剂、乳化剂、稳定剂	5.0
风味发酵乳	红曲米，红曲红（redkojicrice，monascusred）	着色剂	0.8
调制乳、风味发酵乳、调制乳粉和调制奶油粉、再制干酪、熟化干酪及干酪类似品	β－胡萝卜素（β－carotene）	着色剂	1.0
稀奶油（淡奶油）及其类似品	β－胡萝卜素（β－carotene）	着色剂	0.02
非熟化干酪	β－胡萝卜素（β－carotene）	着色剂	0.6
调制乳	琥珀酸单甘油酯（succinylated monoglycerides）	乳化剂	5.0
干酪类似品	琥珀酸单甘油酯（succinylated monoglycerides）	乳化剂	10.0
调制乳粉和调制奶油粉	姜黄（turmeric）	着色剂	0.4
调制炼乳	焦糖色（加氨生产）（caramel colour clas Ⅲ－ammonia process）	着色剂	2.0
调制炼乳	焦糖色（亚硫酸铵法）（caramel colour class Ⅳ－ammonia sulphite process）	着色剂	1.0
调制乳、调制乳粉和调制奶油粉、稀奶油（淡奶油）及其类似品	聚甘油脂肪酸酯 polyglycerol esters of fatty acids（polyglycerol fatty acid esters）	乳化剂、稳定剂、增稠剂、抗结剂	10.0
调制乳	吐温（20）、吐温（40）、吐温（60）、吐温（80）	乳化剂、消泡剂、稳定剂	1.5
稀奶油、调制稀奶油	吐温（20）、吐温（40）、吐温（60）、吐温（80）	乳化剂、消泡剂、稳定剂	1.0
风味发酵乳、稀奶油	决明胶（cassiagum）	增稠剂	2.5
乳粉	抗坏血酸棕榈酸酯（ascorbylpalmitate）	抗氧化剂	0.2

续表

乳制品种类	食品添加剂名称	功能	最大使用量
风味发酵乳、调制炼乳	亮蓝及其铝色淀（brilliant blue，Brilliant blue aluminum lake）	着色剂	0.025
干酪和再制干酪及其类似品	纳他霉素（natamycin）	防腐剂	0.3
风味发酵乳、调制炼乳	柠檬黄及其铝色淀（tartrazine，tartrazinealuminumlake）	着色剂	0.05
婴幼儿配方食品	柠檬酸脂肪酸甘油酯（citric and fatty acid esters of glycerol）	乳化剂	24.0
风味发酵乳、调制炼乳、调制乳	日落黄及其铝色淀（sunset yellow，sunset yellow aluminum lake）	着色剂	0.05
乳制品	乳酸链球菌素（nisin）	防腐剂	0.5
稀奶油	乳酸脂肪酸甘油酯（lactic and fatty acid esters of glycerol）	乳化剂	5.0
调制乳、风味发酵乳	三氯蔗糖（又名蔗糖素）（sucralose）	甜味剂	0.3
调制乳粉和调制奶油粉	三氯蔗糖（又名蔗糖素）（sucralose）	甜味剂	1.0
干酪和再制干酪及其类似品	山梨酸及其钾盐（sorbic acid，potassium sorbate）	防腐剂、抗氧化剂、稳定剂	1.0
调制乳、稀奶油	双乙酰酒石酸单双甘油酯（diacetyl tartaric acid ester of mono（di） g Lycerides）（DATEM）	乳化剂、增稠剂	5.0
风味发酵乳、乳粉、干酪和再制干酪及其类似品	双乙酰酒石酸单双甘油酯（diacetyl tartaric acid ester of mono（di） g Lycerides）（DATEM）	乳化剂、增稠剂	10.0
稀奶油（淡奶油）及其类似品	双乙酰酒石酸单双甘油酯（diacetyl tartaric acid ester of mono（di） g Lycerides）（DATEM）	乳化剂、增稠剂	6.0
风味发酵乳	天门冬酰苯丙氨酸甲酯乙酰磺胺酸（aspartame-acesulfame salt）	甜味剂	0.79
风味发酵乳	甜菊糖苷（steviol glycosides）	甜味剂	0.2
调制乳	维生素E（vitamineE）	抗氧化剂	0.2
调制乳	天门冬酰苯丙氨酸甲酯（又名阿斯巴甜）（aspartame）	甜味剂	0.6

续表

乳制品种类	食品添加剂名称	功能	最大使用量
风味发酵乳、稀奶油（淡奶油）及其类似品、干酪	天门冬酰苯丙氨酸甲酯（又名阿斯巴甜）(aspartame)	甜味剂	1.0
调制乳粉和调制奶油粉	天门冬酰苯丙氨酸甲酯（又名阿斯巴甜）(aspartame)	甜味剂	2.0
风味发酵乳	胭脂虫红（carmine cochineal）	着色剂	0.05
调制乳粉和调制奶油粉	胭脂虫红（carmine cochineal）		0.6
调制炼乳	胭脂虫红（carmine cochineal）	着色剂	0.15
干酪和再制干酪及其类似品	胭脂虫红（carmine cochineal）	着色剂	0.1
调制乳、风味发酵乳、调制炼乳	胭脂红及其铝色淀（ponceau 4R，ponceau 4R aluminum lake）	着色剂	0.05
调制乳粉和调制奶油粉	胭脂红及其铝色淀（ponceau 4R，ponceau 4R aluminum lake）	着色剂	0.15
风味发酵乳	乙酰磺胺酸钾（又名安赛蜜）（Acesulfame potassium）	甜味剂	0.35
乳粉和奶油粉及其调制产品	异构化乳糖液（Isomerized lactose syrup）	其他	15.0
调制乳、风味发酵乳	硬脂酰乳酸钠，硬脂酰乳酸钙（sodium stearoyl lactylate，calcium stearoyl lactylate）	乳化剂、稳定剂	2.0
稀奶油、调制稀奶油、稀奶油类似品	硬脂酰乳酸钠，硬脂酰乳酸钙（sodium stearoyl lactylate，calcium stearoyl lactylate）	乳化剂、稳定剂	5.0
调制乳	蔗糖脂肪酸酯（sucrose esters of fatty acid）	乳化剂	3.0
稀奶油（淡奶油）及其类似品	蔗糖脂肪酸酯（sucrose esters of fatty acid）	乳化剂	10.0
干酪和再制干酪及其类似品	纳他霉素（natamycin）	防腐剂	0.3
熟化干酪、再制干酪	胭脂树橙（又名红木素，降红木素）(Annatto extract)	着色剂	0.6

资料来源：GB 2760－2014《食品安全国家标准　食品添加剂使用标准》。

表 7－15　　乳制品中营养强化剂的限量标准

营养强化剂	乳制品类别	使用量
维生素 A	调制乳	600μg/kg～1000μg/kg
	调制乳粉（儿童用乳粉和孕产妇用乳粉除外）	3000μg/kg～9000μg/kg
	调制乳粉（仅限儿童用乳粉）	1200μg/kg～7000μg/kg
	调制乳粉（仅限孕产妇用乳粉）	2000μg/kg～10000μg/kg
维生素 D	调制乳	10μg/kg～40μg/kg
	调制乳粉（儿童用乳粉和孕产妇用乳粉除外）	63μg/kg～125μg/kg
	调制乳粉（仅限儿童用乳粉）	20μg/kg～112μg/kg
	调制乳粉（仅限孕产妇用乳粉）	23μg/kg～112μg/kg
维生素 E	调制乳	12mg/kg～50mg/kg
	调制乳粉（儿童用乳粉和孕产妇用乳粉除外）	100mg/kg～310mg/kg
	调制乳粉（仅限儿童用乳粉）	10mg/kg～60mg/kg
	调制乳粉（仅限孕产妇用乳粉）	32mg/kg～156mg/kg
维生素 K	调制乳粉（仅限儿童用乳粉）	420μg/kg～750μg/kg
	调制乳粉（仅限孕产妇用乳粉）	340μg/kg～680μg/kg
维生素 B1	调制乳粉（仅限儿童用乳粉）	1.5mg/kg～14mg/kg
	调制乳粉（仅限孕产妇用乳粉）	3mg/kg～17mg/kg
维生素 B2	调制乳粉（仅限儿童用乳粉）	8mg/kg～14mg/kg
	调制乳粉（仅限孕产妇用乳粉）	4mg/kg～22mg/kg
维生素 B6	调制乳粉（儿童用乳粉和孕产妇用乳粉除外）	8mg/kg～16mg/kg
	调制乳粉（仅限儿童用乳粉）	1mg/kg～7mg/kg
	调制乳粉（仅限孕产妇用乳粉）	4mg/kg～22mg/kg
维生素 B12	调制乳粉（仅限儿童用乳粉）	10μg/kg～30μg/kg
	调制乳粉（仅限孕产妇用乳粉）	10μg/kg～66μg/kg
维生素 C	风味发酵乳	120mg/kg～240mg/kg
	调制乳粉（儿童用乳粉和孕产妇用乳粉除外）	300mg/kg～1000mg/kg

续表

营养强化剂	乳制品类别	使用量
维生素 C	调制乳粉（仅限儿童用乳粉）	140mg/kg～800mg/kg
	调制乳粉（仅限孕产妇用乳粉）	1000mg/kg～1600mg/kg
烟酸（尼克酸）	调制乳粉（仅限儿童用乳粉）	23mg/kg～47mg/kg
	调制乳粉（仅限孕产妇用乳粉）	42mg/kg～100mg/kg
叶酸	制乳（仅限孕产妇用调制乳）	400μg/kg～1200μg/kg
	调制乳粉（儿童用乳粉和孕产妇用乳粉除外）	2000μg/kg～5000μg/kg
	调制乳粉（仅限儿童用乳粉）	420μg/kg～3000μg/kg
	调制乳粉（仅限孕产妇用乳粉）	2000μg/kg～8200μg/kg
泛酸	调制乳粉（仅限儿童用乳粉）	6mg/kg～60mg/kg
	调制乳粉（仅限孕产妇用乳粉）	20mg/kg～80mg/kg
生物素	调制乳粉（仅限儿童用乳粉）	38μg/kg～76μg/kg
胆碱	调制乳粉（仅限儿童用乳粉）	800mg/kg～1500mg/kg
	调制乳粉（仅限孕产妇用乳粉）	1600mg/kg～3400mg/kg
肌醇	调制乳粉（仅限儿童用乳粉）	210mg/kg～250mg/kg
铁	调制乳	10mg/kg～20mg/kg
	调制乳粉（儿童用乳粉和孕产妇用乳粉除外）	60mg/kg～200mg/kg
	调制乳粉（仅限儿童用乳粉）	25mg/kg～135mg/kg
	调制乳粉（仅限孕产妇用乳粉）	50mg/kg～280mg/kg
钙	调制乳	250mg/kg～1000mg/kg
	调制乳粉（儿童用乳粉除外）	3000mg/kg～7200mg/kg
	调制乳粉（仅限儿童用乳粉）	3000mg/kg～6000mg/kg
	干酪和再制干酪	2500mg/kg～10000mg/kg
锌	调制乳	5mg/kg～10mg/kg
	调制乳粉（儿童用乳粉和孕产妇用乳粉除外）	30mg/kg～60mg/kg
	调制乳粉（仅限儿童用乳粉）	50mg/kg～175mg/kg
	调制乳粉（仅限孕产妇用乳粉）	30mg/kg～140mg/kg

续表

营养强化剂	乳制品类别	使用量
硒	调制乳粉（儿童用乳粉除外）	140μg/kg～280μg/kg
	调制乳粉（仅限儿童用乳粉）	60μg/kg～130μg/kg
镁	制乳粉（儿童用乳粉和孕产妇用乳粉除外）	300mg/kg～1100mg/kg
	调制乳粉（仅限儿童用乳粉）	300mg/kg～2800mg/kg
	调制乳粉（仅限孕产妇用乳粉）	300mg/kg～2300mg/kg
铜	调制乳粉（儿童用乳粉和孕产妇用乳粉除外）	3mg/kg～7.5mg/kg
	调制乳粉（仅限儿童用乳粉）	2mg/kg～12mg/kg
	调制乳粉（仅限孕产妇用乳粉）	4mg/kg～23mg/kg
锰	调制乳粉（儿童用乳粉和孕产妇用乳粉除外）	0.3mg/kg～4.3mg/kg
	调制乳粉（仅限儿童用乳粉）	7mg/kg～15mg/kg
	调制乳粉（仅限孕产妇用乳粉）	11mg/kg～26mg/kg
钾	调制乳粉（仅限孕产妇用乳粉）	7000mg/kg～14100mg/kg
牛磺酸	调制乳粉	0.3g/kg～0.5g/kg
左旋肉碱（L－肉碱）	调制乳粉（儿童用乳粉除外）	300mg/kg～400mg/kg
	调制乳粉（仅限儿童用乳粉）	50mg/kg～150mg/kg
γ－亚麻酸	调制乳粉	20g/kg～50g/kg
叶黄素	调制乳粉（仅限儿童用乳粉，液体按稀释倍数折算）	1620μg/kg～2700μg/kg
低聚果糖	调制乳粉（仅限儿童用乳粉和孕产妇用乳粉）	≤64.5g/kg
1，3－二油酸 2－棕榈酸 甘油三酯	调制乳粉（仅限儿童用乳粉，液体按稀释倍数折算）	24g/kg～96g/kg
花生四烯酸（AA或ARA）	调制乳粉（仅限儿童用乳粉）	≤1%（占总脂肪酸的百分比）
二十二碳六烯酸（DHA）	调制乳粉（仅限儿童用乳粉）	≤0.5%（占总脂肪酸的百分比）
	调制乳粉（仅限孕产妇用乳粉）	300mg/kg～1000mg/kg

续表

营养强化剂	乳制品类别	使用量
乳铁蛋白	调制乳	≤1.0g/kg
	风味发酵乳	≤1.0g/kg
酪蛋白磷酸肽	调制乳	≤1.6g/kg
	风味发酵乳	≤1.6g/kg

资料来源：GB 14880－2012《食品安全国家标准　食品营养强化剂使用标准》。

7.2　乳制品质量安全风险预警指标体系的构建

构建指标体系是乳制品质量安全风险预警的前提和基础。从前文中可以了解到，在乳制品从养殖户或牧场到餐桌的整个过程中，可以反映出乳制品质量安全的指标既复杂量又多，因此，只能选择一些代表性的指标来构建乳制品质量安全风险的预警指标体系。

7.2.1　构建指标体系的基本原则

乳制品质量安全状况可以通过一定的预警指标来反映，因此预警指标的选取是有效实现乳制品质量安全风险预警预报的关键所在。总体而言，本书构建的预警指标体系是从各个方面能反映乳制品质量安全状况指标的有机结合。因此，预警指标的筛选比较简约，便于收集处理。在构建乳制品质量安全风险预警指标体系的过程中应遵循以下几个原则。

1. 科学性原则

科学性原则是指选择的指标必须遵从相关科学理论的指导，即所选的指标要与乳制品质量安全有密切的因果逻辑关系，可以根据对指标数据的分析推测出乳制品质量安全的变化情况。所选取的指标的科学性是保证预警指标体系合理性与有效性的前提条件，是选取指标的基础性原则，只有体现科学性的预警指标才能真实地反映出乳制品质量安全风险的变化情况。此外，预警指标体系的大小必须适当，如果构建的指标体系过于庞大、指标体系的层次太多或指标项目太细，都势必导致实际运用中的操作困难和工作的负担，大大降低预警的实用性。因此，预警指标体系的设定必须遵循科学性原则。

2. 系统性原则

选取指标构建预警指标体系时，应当坚持系统性原则，即坚持乳制品质量安全风险预警的系统性与整体性。尽可能保证将可能影响乳制品质量安全风险的各种因素都纳入考察范围内，尽可能完整地反映出乳制品质量安全的发展变化以及所有影响因素的未来状态。但是，要求全面、系统性考虑并不意味着要做到面面俱到、一个不落地选择预警指标。

3. 代表性原则

反映乳制品质量安全的指标是一个复杂、繁多的指标集合，或者说，对乳制品质量安全造成隐患的因素有很多；这就要求选择的指标必须是跟乳制品质量安全有十分紧密的关系，并能够根据对指标数据分析做出对乳制品质量安全风险的预警。因此，所选取的指标应具有一定的典型性和代表性，每个指标都能代表影响乳制品质量安全的某一方面，尽可能避开指标之间的重叠与交叉。要选取常见的指标，对那些影响广、危害大的指标也应加以考虑。

4. 可操作性原则

预警模型终究要运用到实际监管工作中，这就要求其指标体系必须具备较强的可操作性。换言之，预警指标的选取要考虑指标的数据资料是否容易被收集和整理，指标的数据资料能否确保准确、能否进行计算，否则就无法采用预测模型进行预警分析，从而致使后续的研究工作无法进行。预警指标是否可以量化分析以及指标数据的可获得性是可操作性的前提条件。

5. 灵敏性原则

用于进行预警的指标，其变化应能够灵敏地反映出对乳制品质量安全状况的异常变化及其产生的后果，并对其进行有效的预测，以便尽早对乳制品的质量安全做出应急措施。

6. 可借鉴性原则

奥特曼教授认为，用于构建预警模型的指标的选取应当在以往研究中多次出现的预警指标中选择，这样可以充分参考和借鉴前人的研究思路，避免犯不必要的错误①。因此借鉴国内外文献对食品安全领域的风险预警研究，将那些出现频率较高且有效的预警指标纳入本书的乳制品质量安全风险预警指标体系范围，作为备选指标。

---

① Njubi D. M., Wakhungu J. W., Badamana M. S. Prediction of second parity milk performance of dairy cows from first parity information using a artificial neural network and multiple linear regression [J]. *Asian Journal of Animal and Veterinary* Advances, 2008 (3): 222-229.

7.2.2 指标分析与指标体系构建

原料生乳中的体细胞数是衡量原料生乳质量安全的重要指标，一般情况下，健康奶牛每毫升牛奶中体细胞数为20万～30万个，当体细胞数超过每毫升50万个时，很有可能是奶牛患乳腺炎所致[①]。一般而言，体细胞数越高，生乳中致病菌和抗生素残留的污染程度也就越高，奶牛的产奶量会随之下降[②]。而细菌数主要反映的是原料生乳中微生物的含量，细菌数越高，说明微生物的含量越高。大量的微生物会产生可耐热的毒素，虽然会采用高温杀菌，但仍会有一定量的残留，致使乳制品变质，甚至引起食源性疾病。乳脂中含有大量的维生素，而乳蛋白中含有大量的氨基酸，这两种物质均为人体所需的元素，也是判断原料生乳质量高低的主要指标。根据我国卫生部发布的食品安全国家标准（GB 19301－2010），生乳中细菌数每毫升不得超过两百万个，乳脂含量不低于3.1%，乳蛋白含量不低于2.8%。

乳制品污染物中的铅、汞、砷、铬、镉属于重金属污染，虽然微量的重金属元素是人体代谢的关键，但其在人体内累积含量的安全水平是非常低的，很容易引起重金属中毒[③]。重金属元素通常都有较大的毒性，被重金属污染的乳制品对人体的损害是非常大的。重金属在人体内能和蛋白质及酶发生强烈的相互作用，使它们失去活性，也可能在人体的某些器官中累积，造成慢性中毒。例如，铅会伤害大脑神经组织、影响酶系统、阻碍血细胞的形成，造成神经功能紊乱、贫血、免疫力低下等疾病；甲基汞可侵入脑神经细胞，损害肾脏、肝脏和中枢神经系统等，引发“水俣病”；砷（三价）可抑制酶的活性，影响细胞正常代谢；铬（六价）可影响机体的抗氧化系统，损伤消化道、呼吸道、皮肤及黏膜等，严重的会造成遗传性基因缺陷和癌症；镉可损坏肝脏、肾器官中酶系统的正常功能，影响骨骼的生长代谢，引

---

① 朱正鹏，单安山，薛艳林，等．牛乳体细胞数对于牛奶品质的影响［J］．中国畜牧杂志，2006，42（13）：47－49.

② 赵连生，王加启，郑楠，等．牛奶质量安全主要风险因子分析［J］．中国畜牧兽医，2012，39（17）：1－4.

③ Namihira，D.，Saldivar，L.，Pustilnik，N.，Carreón，G. J. and Salinas，M. E. Lead in human blood and milk from nursing women living near a smelter in Mexico City［J］. *Journal of Toxicology and Environmental Health*，1993（38）：225－232.

发各种骨骼病变①。更需要注意的是，重金属在进入人体之后，往往要经过一定时间的积累才会显示毒性，不易被察觉，具有很强的潜伏性。

乳制品的真菌毒素污染物中，毒性最大、对人体危害最严重的是黄曲霉毒素。它多生长在未收割的农作物及贮藏的粮食上，特别是玉米、稻谷、花生、棉籽、豆类、麦类、酒糟、油饼类、酱油渣上，禽畜食用了被黄曲霉毒素污染的饲料后，即可引起中毒。黄曲霉毒素耐高温，在一般的烹调加工的温度下很少能被破坏，在280℃时才可发生分解，其易被强碱和强氧化剂破坏。黄曲霉毒素在水中溶解度较低，易溶于油和一些有机溶剂，如氯仿和甲醇；不溶于乙醚、石油醚和乙烷中②。目前为止，被发现的黄曲霉毒素有十几种，其中毒性最强的是黄曲霉毒素B1。黄曲霉毒素B1是已知的化学物质中致癌性最强的一种，对人或某些动物的肝脏有极大的毒性。尤其是黄曲霉毒素会导致奶牛产奶量严重下降，损害奶牛的肝脏，抑制免疫功能，导致疾病暴发。黄曲霉毒素M1是黄曲霉毒素B1的代谢产物，不同动物中以牛奶中的黄曲霉毒素M1代谢物含量最高。另外，黄曲霉毒素还会将黄曲霉毒素M1的形态分泌到牛奶中，影响乳制品的质量安全。

食品的微生物污染是一个世界性的公共卫生问题，在动物源性食品中，乳制品因为具有高度易腐烂的特性与食用人群范围广的特点，对乳制品的微生物污染需要特别注意③。乳制品的微生物污染物主要分为两大类，腐败型微生物和致病型微生物④。在前文关于微生物污染物中提到的有菌落总数、大肠菌群、金黄色葡萄球菌、沙门氏菌、单核细胞增生李斯特氏菌、霉菌和酵母。其中，单核细胞增生李斯特氏菌、霉菌与酵母属于腐败型微生物，广泛分布于牛羊的饲养过程与乳制品的生产过程中。大肠菌群、金黄色葡萄球菌和沙门氏菌属于致病型微生物，这些微生物污染物以生乳为媒介感染人类，导致食源性疾病的产生。大肠菌群作为乳制品在微生物污染物上的预警指标，反映的是乳制品被人或动物肠道菌污染的可能性，如大肠菌群严重超标预示着存在肠道传染病或食物中毒的潜在危险。消费者食用大肠菌群超标

---

① 孙延斌，孙婷，董淑香，等. 污染指数法在乳制品重金属污染评价中的应用研究［J］. 中国食品卫生杂志，2015，27（4）：441－446.

② 刘然. 黄曲霉毒素M1检测试剂盒的制备及其原料乳含量预警机制［D］. 天津：天津商学院，2006（5）：3－9.

③ Cristine Cerva, Carolina Bremm, Emily Marques dos Reis. Food safety in raw milk production: risk factors associated to bacterial DNA contamination ［J］. *Trop Anim Health Prod*, 2014（46）：877－882.

④ 丁晓贝，谢志梅，裴晓方. 乳及乳制品中微生物污染及其控制［J］. 中国乳业，2009（6）：52－53.

的乳制品，会造成急性中毒，引起呕吐、腹泻等症状[①]。金黄色葡萄球菌是引起奶牛乳房炎的主要细菌，因此也是乳制品中最为常见的一种致病菌[②]。金黄色葡萄球菌会引起化脓性病灶和败血症，当原料生乳中金黄色葡萄球菌的含量超过105CUF/g时，就会产生可导致食物中毒的肠毒素，潜伏期一般约为2~3个小时，发病症以恶心、呕吐、腹泻、腹痛为主[③]。由沙门氏菌引起的沙门氏菌病是人畜共患病之一，也是可通过牛乳传播的主要食源性疾病。根据美国农业部（United States Department of Agriculture，USDA）的统计，全世界有25%的食品与饲料被霉菌污染，食品与饲料因霉菌毒素的存在会引起各种疾病，例如癌症的发生[④]。菌落总数作为一个反映整体细菌污染程度的指标，与生乳中的细菌数指标是相同的，亦可选作为乳制品质量安全预警指标。因此，乳制品的检测项目主要包括菌落总数、大肠菌群、沙门氏菌、金黄色葡萄球菌、霉菌和酵母菌等[⑤]。

食品安全国家标准中，对乳制品的农药残留限量做出规定的有硫丹、艾氏剂、滴滴涕、狄氏剂、林丹、六六六、七氯和氯丹八种，均属于有机氯类高毒杀虫剂。可见，有机氯类是对乳制品质量安全危害最大的农药残留污染物。有机氯是一种亲油性污染物，容易积存于人体脂肪组织内，并随着时间的推移，对人体健康造成严重的危害。尤其是有机氯会在奶牛泌乳过程中，通过脂肪运动代谢到生乳中，从而可进入人体。因此，可将有机氯含量作为乳制品质量安全预警指标。

食品安全国家标准对乳制品中兽药残留的限量项目规定比较多，但从整体来看，抗生素类的兽药残留现象最为重要。当前的集约化规模养殖模式下，动物极易发病，如奶牛乳房炎、子宫内膜炎、肢蹄病等，这些都需要用抗生素来进行治疗，而且也允许利用药物进行治疗。尽管国家有严格的用药

---

① 史长生．食品中大肠菌群测定的分析研究［J］．食品研究与开发，2012，33（8）：235－237.

② Heidinger J. C，Winteck，CULLOR J. S. Quantitative microbial risk assessment for Staphylococcus aureus and Staphylococcus enterotoxin A in raw milk［J］. Journal Food Protect，2009，72（8）：1641－1653.

③ 刘弘，顾其芳，吴春峰，等．生乳中金黄色葡萄球菌污染半定量风险评估研究［J］．中国食品卫生杂志，2011，23（4）：293－296.

④ Inger Völkel，Eva Schröer－Merker，Claus－Peter Czerny. The Carry－Over of Mycotoxins in Products of Animal Origin with Special Regard to Its Implications for the European Food Safety Legislation［J］. *Food and Nutrition Sciences*，2011（2）：852－867.

⑤ 陶利明，徐明芳，陈枫，等．乳与乳制品中抗生素残留危害及治理［J］．现代农业科技，2011（11）：362－363.

和用药后的休药期规定，但是，一些养殖户为了提高自身利益，大剂量使用药物、不合理用药、不遵守休药期规定的现象大量存在，这也是导致原料生乳中抗生素残留超标的重要原因之一[①]。此外，有实验证明，乳中的抗生素稳定性较高；含有抗生素的原料生乳加工成巴氏消菌乳、超高温灭菌乳和乳粉等乳制品后，仍有大量抗生素残留。长期食用含有抗生素残留的乳制品可使人体内的一些敏感菌株形成耐药性，使疾病的治愈难度加大，治疗成本提高，对人体的伤害极大。常见的抗生素类兽药残留污染物有青霉素、四环素、磺胺类等，这些均可作为乳制品质量安全的预警指标。

乳酸菌是发酵乳的特殊添加剂。既然是添加剂，当然也有其使用的限量标准，超标准的使用乳酸菌也不符合食品安全国家标准，影响乳制品的质量安全。因此，乳酸菌数可作为发酵乳制品质量安全的预警指标。应用于发酵乳制品的乳酸菌种类主要有乳杆菌属、链球菌属、肠球菌属、乳球菌属、片球菌属、明串珠菌属和双歧杆菌属七个[②]。

食品添加剂和营养强化剂都是被允许添加到乳制品当中的，但作为一种外来物，其种类和剂量必须按照食品安全国家标准严格控制，超标、超量的使用食品添加剂与营养强化剂都会对乳制品的质量安全产生影响，危害消费者的身体健康。乳制品中常用的食品添加剂为乳化剂、增稠剂、抗氧化剂、着色剂和甜味剂。被允许添加的少量食品添加剂中，最常用的是山梨酸和硝酸盐两种防腐剂，以及乳酸、乙酸和磷酸盐三种酸度调节剂；而苯甲酸和亚硝酸盐是两种不允许使用的防腐剂。营养强化剂有维生素、矿物质及微量元素、氨基酸（含牛磺酸）和不饱和脂肪酸等几大类，可以进行单一、几种或多种营养素混合强化。食用微量元素超标的乳制品会产生大量的毒副作用，例如急性综合征和神经毒性反应[③]。

根据上述对反映乳制品质量安全风险指标的分析，从九个方面选取 31 个指标构建乳制品质量安全风险预警指标体系。（1）理化指标，选取乳脂含量、乳蛋白含量、体细胞数和细菌数；（2）污染物，选取铅、甲基汞、砷（三价）、铬（六价）、镉；（3）真菌毒素，选取黄曲霉毒素 B1、黄曲霉毒素 M1；（4）微生物，选取大肠菌群、金黄色葡萄球菌、沙门氏菌、李斯特

---

① 陶利明，徐明芳，陈枫，等．乳与乳制品中抗生素残留危害及治理［J］．现代农业科技，2011（11）：362－363.

② 刘艳姿．乳酸菌的生理功能特性及应用的研究［D］．秦皇岛：燕山大学，2010（6）：2－5.

③ Isaac，C. P.，Sivakumar，A. and Kumar，C. R. Lead levels in breast milk，blood plasma and intelligence quotient：A health hazard for women and infants［J］. *Bulletin of Environmental Contamination and Toxicology*，2012（88）：145－149.

氏菌、霉菌与酵母；农药残留：六六六、滴滴涕和有机氯含量；（6）兽药残留，选取青霉素、磺胺类和四环素；（7）乳酸菌，选取乳酸菌数；（8）食品添加，选取剂山梨酸、苯甲酸、硝酸盐、亚硝酸盐；（9）营养强化剂，选取维生素、矿物质和微量元素。乳制品质量安全预警指标体系，如图7－1所示。

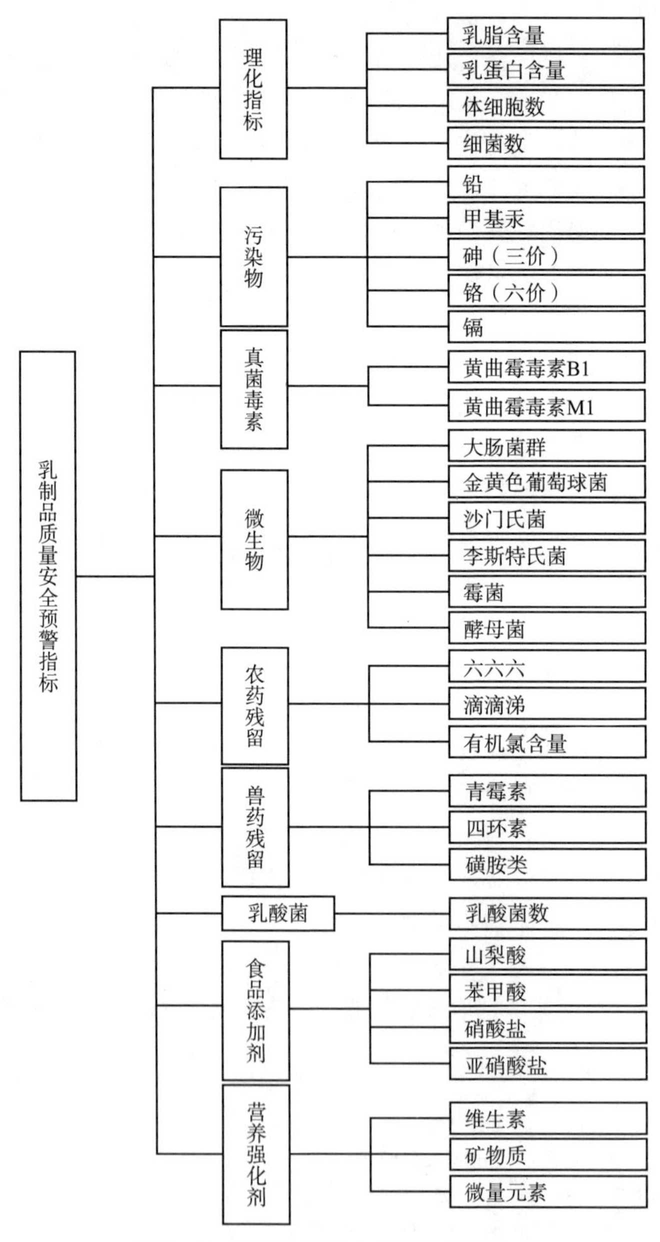

图7－1　乳制品质量安全预警指标体系

7.2.3　指标体系应用指标警限的划分

警源是引起警情的各种危害因素，警情是对预警结果的描述。警限是指判断各应用指标警级的标准，通常用数值区间来表示，有时是最大值与最小值之间的区间值，有时是最大值或最小值本身，也叫作阈值。警级是乳制品质量安全警度的评价等级。警度是对预警结果的危害程度的描述。警限的划分既可以针对单个指标，也可以适用于综合指标。本章对乳制品质量安全预警应用指标的设定均是单一指标，普遍采用的一种等级划分方法是李克特（Likert）五分量表法。一般情况下，将预警应用指标的警级分为5个等级，分别是安全、较安全、基本安全、较不安全、不安全。警限的确定方法和原则主要考虑以下几个方面：第一，采用国际通用标准或国家标准；第二，采用均数原则，即假设乳制品质量安全的历史水平是正常水平（即基本安全状态）；第三，根据我国的行业发展水平；第四，根据发达国家的发展水平；第五，征求专家意见①。

以影响乳制品质量安全理化指标中的乳脂含量为研究对象，在国家食品药品监督管理总局的抽检结果公告中，收集2010年1月~2014年12月的检测值作为历史数据，建立乳脂含量的警限。又由于原料生乳与其他种类的乳制品对乳脂含量的限量标准不同，本书以原料生乳为例。根据乳品安全国家标准对原料生乳中乳脂含量的规定，每100克生乳需至少含有3.1克的乳脂肪，即不低于3.1%，取3.1%作为基本安全的下线。2010年1月~2014年12月乳脂含量的平均值为3.7%，取区间长度为0.3，由此可确定原料生乳中乳脂含量的警限，如表7-16所示。

表7-16　原料生乳中乳脂含量的警限

	不安全	较不安全	基本安全	较安全	安全
判断区间	2.8%以下	(2.8%，3.1%]	(3.1%，3.4%]	(3.4%，3.7%]	3.7%以上

7.2.4　质量安全风险预防控制

当质量安全警级低于基本安全状态时，就需要采取预防控制措施，及时化解风险，减轻或避免损害的发生。采取预防措施主要是针对有发生乳制品

① 杨艳涛．食品质量安全预警与管理机制研究［M］．北京：中国农业科学技术出版社，2013(1)：142-151.

质量安全问题的趋势，实际还未发生的状况。首先，需要对具有风险的预警指标进一步分析、获取更多的相关信息，以确定引发风险的具体原因及风险演化的严重程度。在此基础上，向有关部门、企业和相关人员发送预警信息；问题严重的话，责令暂停生产，及时处理警源。如果已有产品进入市场，则需立即发布公告，警示广大群众不要继续食用或购买有问题的乳制品，并通知销售商下架产品、生产商召回产品，随后再做进一步处理，例如对消费者的赔偿问题和产品生产经营企业的内部整顿问题等。

若已经发生乳制品质量安全问题，引发了食源性疾病，就需要采取综合性的控制措施。比如，对导致食源性疾病或有可能导致食源性疾病的乳制品、原料生乳、被污染的生产工具、用具等进行封存，以控制风险事态的进一步发展。同时，责令乳制品加工企业及相关产品生产经营者对生产环境和生产工具进行彻底清洗消毒，对已售出的引发食源性疾病的产品或者有证据证明可能导致食源性疾病的产品立即收回；经检验属于被污染的产品，予以销毁或监督销毁，未被污染的产品予以解封。对乳制品加工企业加工过程存在的与质量安全风险事件有关的不当行为采取纠正措施，同时，对相关责任人追究法律责任。

7.3　乳制品质量安全风险预警模型及应用

实施乳制品质量安全风险预警工作，除构建风险预警的指标体系外，还需要建立乳制品质量安全风险预警模型。只有将采集的指标数据置于风险预警模型中，才能对乳制品质量安全的未来状况做出相应的预测与评价，进而实现预警。预警模型的作用主要是进行预测，预测方法有很多种，例如模糊数学法、神经网络法、支持向量机法和时间序列分析法等。其中，时间序列分析法是根据历史已有的数据来预测未来形态的发展趋势，是一种动态的数据处理方法，比较适用反应性指标的预测。

从传统意义上来讲，时间序列就是将某一个指标在不同时间上的不同数值，按照时间的先后顺序排列而成的数列。这些时间序列由于受到各种偶然因素的影响而表现出随机性，但彼此之间却存在着统计上的相互依赖关系。时间序列分析通过对时间序列数据进行动态建模，探寻其发展变化的动态结构，研究时间序列的未来走势，从而进行预测并实现预警①。

---

① 仉新．时间序列分析在经济投资中的研究与应用［D］．沈阳：沈阳工业大学，2013（2）：7－8.

按序列的统计特性分，时间序列可以分为平稳序列和非平稳序列两类，平稳序列是基本上没有趋势的序列；相反地，非平稳序列是会有趋势变动因素、季节变动因素、循环变动因素或不规则变动因素存在的序列。因此，在得到一个时间序列之后，要先对序列进行平稳性检验，也称为对数据的预处理。之后，根据检验结果，判定序列的具体类型，针对不同类型采取不同的时间序列分析法。分析方法的选择方式如图7-2所示。

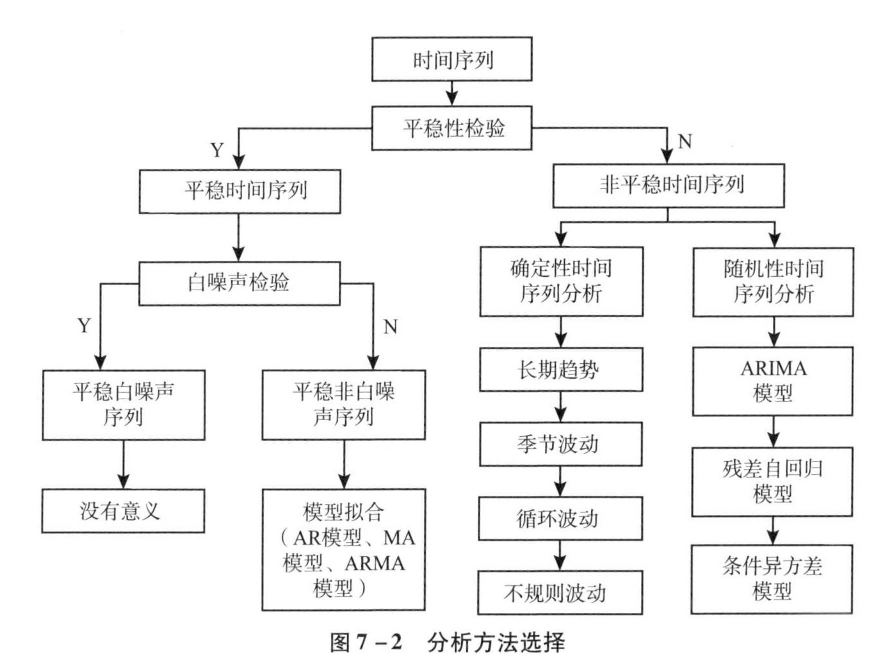

图7-2 分析方法选择

7.3.1 乳制品质量安全风险预警模型的建立

1. 平稳性检验

由于传统的时间序列模型只能描述平稳时间序列的变化规律，而大多数时间序列都是非平稳的。因此，时间序列的平稳性检验是建立风险预警模型的基础，传统的 t 检验和 F 检验等均是以此假设作为依据。如果对非平稳时间序列未剔除趋势变量，直接建立回归模型进行预测，则很可能会导致伪回归问题，最终的结果也无可信度而言。

时间序列平稳性检验的方法主要有图示法和单位根检验法两种。图示法是最直接简便的方法，即根据时间序列数据绘制出时序图，并观测时间序列在图中是否存在明显的趋势。若不存在明显的趋势，那么时间序列是平稳的；反之，时间序列则是非平稳的。单位根检验法是检验时间序列平稳性的标准方法，在实际应用中较为常用的是 DF 检验（Dickey - Fuller Test），ADF 检验（Augmented Dickey - Fuller Test）和 PP 检验（Phillips - Perron Test），这三种方法也是出现比较早的方法。

2. 模型的拟合

原时间序列经过平稳性检验之后，如果序列是平稳性序列，还需要进行白噪声检验，也就是纯随机性检验。若平稳序列是白噪声序列，就没有了建立模型的意义，对时间序列的分析也就没有了价值。若平稳序列是非白噪声序列，那么可以用自回归移动平均模型（ARMA 模型）来进行短期预测。ARMA 模型有三种形式，分别为自回归模型 AR(p)、移动平均模型 MA(q) 和自回归移动平均模型 ARMA(p, q) 模型。设该平稳时间序列为 $\{u_t\}$，则三种模型的方程式为：

（1）p 阶自回归模型 AR(p)。

$$u_t = c + \phi_1 u_{t-1} + \phi_2 u_{t-2} + \cdots + \phi_p u_{t-p}, \quad t = 1, 2, \cdots, T \tag{7.1}$$

式（7.1）中，参数 c 为常数；ϕ_1，ϕ_2，…，ϕ_p 是自回归模型系数；p 为自回归模型阶数；ε_t 是均值为 0，方差为 σ^2 的白噪声序列。

（2）q 阶移动平均模型记作 MA（q）。

$$u_t = \mu + \varepsilon_t + \theta_1 \varepsilon_{t-1} + \cdots + \theta_q \varepsilon_{t-q}, \quad t = 1, 2, \cdots, T \tag{7.2}$$

式（7.2）中，参数 μ 为常数；参数 θ_1，θ_2，…，θ_q 是 q 阶移动平均模型的系数；ε_t 是均值为 0，方差为 σ^2 的白噪声序列。

（3）ARMA(p, q) 模型。

$$u_t = c + \phi_1 u_{t-1} + \cdots + \phi_p u_{t-p} + \varepsilon_t + \theta_1 \varepsilon_{t-1} + \cdots + \theta_q \varepsilon_{t-q}, \quad t = 1, 2, \cdots, T \tag{7.3}$$

式（7.3）中，各参数代表性均和式（7.1）与式（7.2）中一致，且式（7.3）是式（7.1）与式（7.2）的组合形式，称为混合模型。当 $p = 0$ 时，ARMA(0, q) = MA(q)；当 $q = 0$ 时，ARMA(p, 0) = AR(p)。

而如果对原时间序列进行平稳性检验之后，该序列属于非平稳性序列，则需要判断序列中是否含有确定性趋势。通过时序图观察，若存在长期趋势、季节波动、循环波动或不规则波动（随机波动），则可以选择确定性时间序列分析，其特点是认为数据去掉随机扰动后，剩下的部分可以用确定的时间函数来表示①。主要方法是时间序列分解法，将时间序列中的长期趋势

① 张金艳，郭鹏江．确定性时间序列模型及 ARIMA 模型的应用［J］．西安邮电学院学报，2009，14（3）：128 - 132.

因素、季节变动因素、循环变动因素和不规则变动因素逐步分解，再分别进行短期预测。常用的模型有乘法模型和加法模型两种，通常在实际研究当中，会把长期趋势因素和循环变动因素合并，形成趋势循环因素。

加法模型的一般形式为

$$Y_t = TC_t + S_t + I_t,\ t = 1,\ 2,\ \cdots \tag{7.4}$$

乘法模型的一般形式为

$$Y_t = TC_t \times S_t \times I_t,\ t = 1,\ 2,\ \cdots \tag{7.5}$$

式（7.4）与式（7.5）中，TC_t 表示趋势循环因素；S_t 表示季节因素；I_t 表示不规则因素。加法模型适用于趋势循环因素、季节因素、不规则因素不相关的情况，反之，若各因素之间具有相关性，则选择乘法模型。

如果序列中没有明显的确定性趋势，可以选择随机性时间序列分析，通过差分变换，使序列满足平稳性条件后再选择合适的模型进行预测。非平稳时间序列建模应用中，常用的是差分自回归移动平均模型（ARIMA 模型）。单整序列能够通过 d 次差分将非平稳序列转化为平稳序列的，记作 d 阶单整序列。设 y_t 是 d 阶单整序列，即 $y_t \sim I(d)$，则

$$w_t = \Delta^d y_t = (1 - L)^d y_t,\quad t = 1,\ 2,\ \cdots,\ T \tag{7.6}$$

式（7.6）中，w_t 为平稳序列，即 $w_t \sim I(0)$，于是可以对 w_t 建立 ARMA$(p,\ q)$模型

$$w_t = c + \phi_1 w_{t-1} + \cdots + \phi_p w_{t-p} + \varepsilon_t + \theta_1 \varepsilon_{t-1} + \cdots + \theta_q \varepsilon_{t-q},\quad t = 1,\ 2,\ \cdots,\ T \tag{7.7}$$

用滞后算子表示，则

$$\Phi(L) w_t = c + \Theta(L) \varepsilon_t,\quad t = 1,2,\cdots,T \tag{7.8}$$

式（7.8）中

$$\Phi(L) = 1 - \phi_1 L - \phi_2 L^2 - \cdots - \phi_p L^p$$

$$\Theta(L) = 1 + \theta_1 L + \theta_2 L^2 + \cdots + \theta_q L^q$$

这样，经过 d 阶差分变换后的 ARMA$(p,\ q)$模型称为 ARIMA$(p,\ d,\ q)$模型。

3. 模型的检验

为了确保模型选择的合理性，增加预测值的可信度，通常要对建立的模型进行各种检验，主要包括回归方程的拟合优度检验、显著性检验和残差分析等。作为检验回归模型合理性的指标有四个：第一，检验模型的拟合优度；第二，检验模型参数显著性水平的 t 统计量；第三，保证模型的特征根的倒数皆小于1；第四，模型的残差序列应当是一个白噪声序列。

模型的拟合优度检验一般采用 R^2 统计量，其值取决于解释变量的方差

的百分比，取值范围在0与1之间。R^2越接近于1，说明模型的拟合优度越高，R^2越接近于0，模型的拟合优度越低。t统计量的显著性检验，在对模型进行参数估计时，可直接通过P值来判断。P值越小，越能拒绝原假设，t统计量显著。检验特征根的倒数皆小于1，主要是为保证ARIMA(p，d，q)等模型的平稳性。最后，残差分析，即对模型的残差序列进行白噪声检验。若通过白噪声检验，则说明建立的预警模型是正确的、合适的，可应用于对乳制品质量安全的短期预测。

4. 模型的预测

建立了乳制品质量安全风险预警模型后，便可对未来短期的发展趋势做出预测。然而，每种乳制品及原料生乳都有其各自的特点，每种反映乳制品质量安全的指标又都有其最大使用限量标准或最佳使用量范围。当然，预测方法也各自有各自的优点和缺点，预测方法也会因研究对象的变化而改变。因此，要对模型的预测值作预测精度评价。

预测精度是指按照惯例来衡量预测模型的好坏程度，也就是回归方程按照历史数据做出的预测值与实际值的差异程度。预测精度一般由误差来表示，误差值越大，预测精度越低；反之，预测精度越高。最简单的测定预测精度的方法是相对误差法，相对误差的公式为：

$$\text{相对误差} = (\text{实际值} - \text{预测值}) / \text{实际值} \times 100\% \tag{7.9}$$

一般情况下，相对误差值低于10%时，则认为模型的预测精度较高。

根据高精度的预测结果，可以及时掌握乳制品质量安全的状况以及某一反应性指标的发展态势，通过密切监视预测值偏离安全值范围的趋势，提前做好应急准备，落实动态预警。值得注意的是，为了测定预测精度，在利用历史数据建立模型之初，要识别和筛选出与预测结果对比的实际数据，以便对预测精度进行评价。

7.3.2 乳制品质量安全风险预警模型的应用

以乳制品质量安全风险预警指标中的乳脂含量为例，对预警模型进行实例应用，数据的处理采用Eviews 8.0软件。在国家食品药品监督管理总局关于公布小麦粉等11类食品国家监督抽检结果的公告中，收集2010年1月~2015年1月的检测值作为原始时间序列，数据以百分含量为单位，以月为时间刻度，共61个数据。其中，2010年1月~2014年12月的检测值作为预测的基础数据，2015年1月的检测值作为实际值用于与预测值的对比，详细数据如表 7-17 所示。

表 7-17　2010～2015 年乳脂含量的检测值　单位：%

年份	1 月	2 月	3 月	4 月	5 月	6 月	7 月	8 月	9 月	10 月	11 月	12 月
2010	3.84	3.82	3.78	3.74	3.66	3.63	3.60	3.65	3.68	3.73	3.77	3.78
2011	3.82	3.80	3.77	3.74	3.70	3.67	3.64	3.66	3.69	3.72	3.76	3.80
2012	3.82	3.82	3.82	3.77	3.72	3.71	3.70	3.72	3.77	3.80	3.86	3.88
2013	3.90	3.87	3.85	3.80	3.79	3.78	3.75	3.74	3.79	3.82	3.84	3.85
2014	3.86	3.84	3.83	3.82	3.81	3.79	3.78	3.79	3.84	3.85	3.86	3.88
2015	3.87											

1. 原始时间序列的平稳性检验

设原始时间序列为序列 Y，对历史数据进行预处理。首先要检验序列 Y 的平稳性，采用最直接简便的图示法。运用软件绘制序列 Y 的时序图，得到的图形如图 7-3 所示。

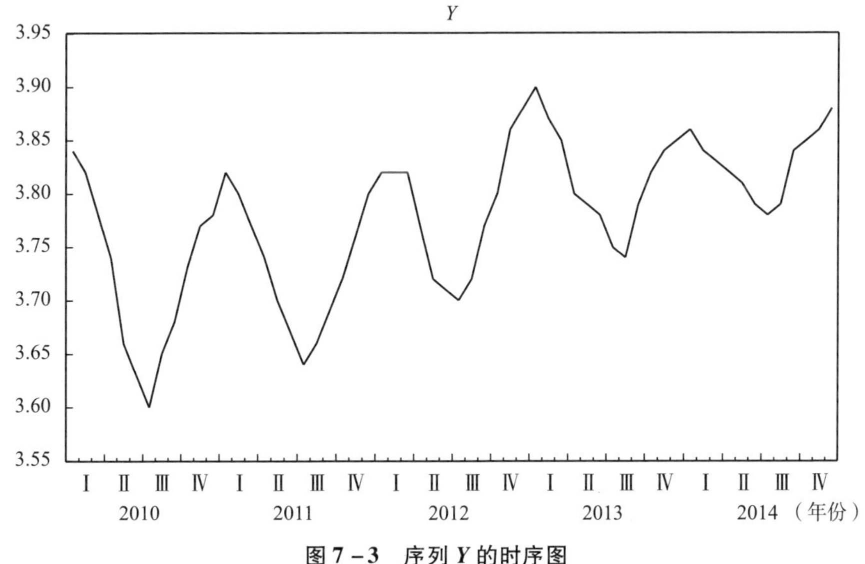

图 7-3　序列 Y 的时序图

观察时序图中曲线的发展走势，可以明显地判断出序列 Y 是非平稳序列。并且，序列 Y 有逐渐上升的趋势，在每年的 2、3 月份中出现极大值，在 7、8 月份中出现极小值。因此，可以判断序列 Y 中既存在趋势因素又存在季节因素，预测方法则要选择确定性时间序列分析法。趋势因素与季节因素的存在必然会影响到对序列 Y 的计量分析，不妨可以采用时间序列分解法将各种因素分解出去，分别进行预测，模型选择乘法模型。

2. 时间序列 Y 的季节调整

对序列 Y 进行季节调整，也就是季节分解，即从原始数据中剔除季节变动因素，使调整后的序列能够更好地显示其他潜在的因素。因为原始数据为5年的月度数据，所以，季节调整的方法选用 Census X12 季节调整法。X12 季节调整法的核心是将序列 Y 分解成不规则因素、季节因素和趋势循环因素，假设季节调整后的序列以 Y_TC 表示，季节因素以 S 表示，不规则要素以 I 表示，则预测模型可写成：

$$Y = Y\_TC \times S \times I \tag{7.10}$$

经过季节调整后的各因素时序图，如图 7－4 所示。其中，Y 代表原序列的时序图，Y_IR 代表不规则因素的时序图，Y_SF 代表季节因素的时序图，Y_TC 代表趋势因素的时序图，也是季节调整后的序列的时序图。此外，还得到1～12 月的月度影响指数和不规则指数，具体数据见表7－18与表7－19。

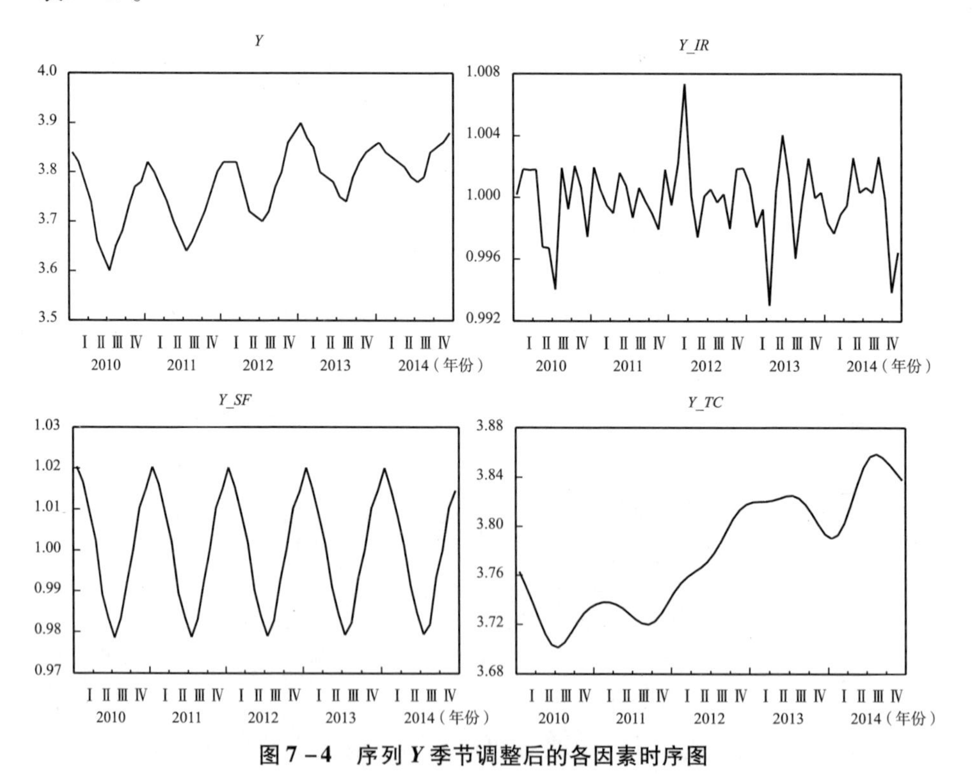

图 7－4　序列 Y 季节调整后的各因素时序图

表 7-18　　月度影响指数

	1 月	2 月	3 月	4 月	5 月	6 月	7 月	8 月	9 月	10 月	11 月	12 月
月度指数	1.02	1.01	1.00	1.00	0.99	0.98	0.97	0.98	0.99	0.99	1.01	1.01

表 7-19　　不规则指数

	1 月	2 月	3 月	4 月	5 月	6 月	7 月	8 月	9 月	10 月	11 月	12 月
不规则指数	0.99	0.99	0.99	0.99	1.00	1.00	1.00	1.00	1.00	0.99	0.99	0.99

从季节调整后的时序图 *Y_TC* 可以看出，序列 *Y* 经过季节调整，去除序列中的季节因素与不规则因素后，序列 *Y_TC* 仍存在长期趋势变动因素和周期性循环变动因素。于是，需要对序列 *Y_TC* 进行趋势分解。

3. 序列 *Y_TC* 的趋势分解

由于原始序列 *Y* 的检测值为月度数据，因此可对季节调整后的序列 *Y_TC* 采用 H-P（Hodrick-Prescott）滤波法进行趋势分解，λ 取值为 14400。H-P 滤波法的原理是从序列 *Y_TC* 中将长期趋势成分剥离出来，若用 Trend 代表长期趋势，Cycle 代表循环波动趋势，则

$$Y\_TC = \text{Trend} + \text{Cycle} \tag{7.11}$$

序列 *Y_TC* 的趋势分解图如图 7-5 所示。

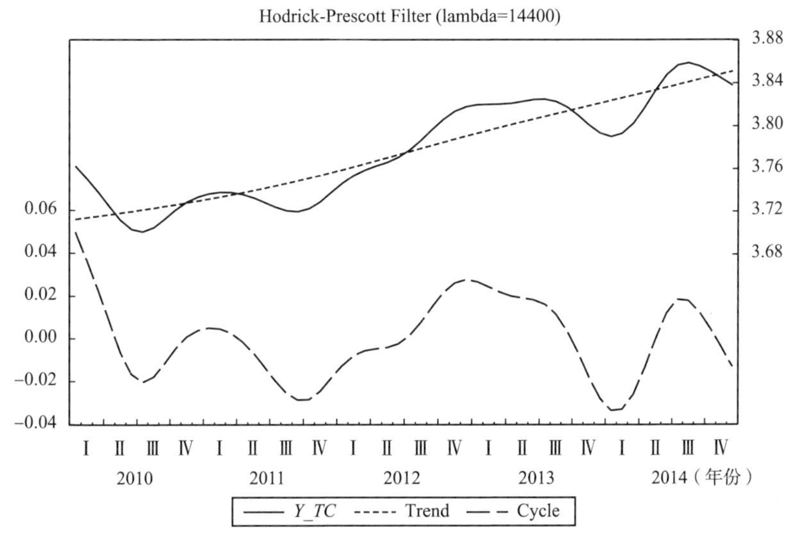

图 7-5　序列 *Y_TC* 的趋势分解图

实线是季节调整后的序列 Y_TC，短点虚线是分解出的长期趋势序列Trend，长点虚线是分解出的循环变动趋势序列 Cycle。从图 7－5 中可以看出，经过趋势分解出的长期趋势序列 Trend 有明显的线性趋势，因此，可以运用一元线性模型来进行预测。经过趋势分解出的循环变动序列 Cycle，表现出上下随机波动，不含有趋势因素和季节因素，因此，可以采用指数平滑预测法来进行拟合和预测。

将序列 Y_TC 趋势分解出的长期趋势序列 Trend 定义为 $Y1$，则一元线性预测模型可表示为：

$$Y1 = c + b \times t \tag{7.12}$$

式（7.12）中，$Y1$ 是指时间序列的预测值；t 为时间标号；c 为趋势线在纵轴上的截距；b 为趋势线的斜率。

用最小二乘法对预测模型的参数进行估计，回归结果如表 7－20 所示。

表 7－20　　　　方程估计结果

Dependent Variable：Y1
Method：Least Squares
Date：04/17/15　Time：22：03
Sample：2010M01 2014M12
Included observations：60

Variable	Coefficient	Std. Error	t－Statistic	Prob.
T	0.002466	2.34E－05	105.3846	0.0000
C	3.701529	0.000821	4510.577	0.0000
R－squared	0.994805	Mean dependent var		3.776734
Adjusted R－squared	0.994715	S. D. dependent var		0.043174
S. E. of regression	0.003139	Akaike info criterion		－8.657282
Sum squared resid	0.000571	Schwarz criterion		－8.587471
Log likelihood	261.7185	Hannan－Quinn criter.		－8.629975
F－statistic	11105.91	Durbin－Wats on stat		0.022802
Prod（F－statistic）	0.000000			

从回归结果来看，t 检验通过，模型的拟合优度达到 0.9948，可见拟合非常好。因此，由式（7.12）可确定预测模型为：

$$Y1 = 0.002t + 3.702 \tag{7.13}$$

式（7.13）中，t 指时间标号。

将趋势分解出的循环变动序列 Cycle 定义为 $Y2$，利用式（7.11）可推出

$$Y2 = Y\_TC - Y1 \tag{7.14}$$

因此，序列 Y_2 可由式（7.14）计算得到。针对循环变动序列 Y_2 可使用指数

平滑法进行拟合与预测，预测模型为 Holt - Winters 无季节模型，预测值的计算公式可列为：

$$Y2_{t+k}=a_t+b_tk,\ t=1,\ 2,\ \cdots,\ T \tag{7.15}$$

其中，

$$a_t=\alpha Y2_t+(1-\alpha)(a_{t-1}+b_{t-1}),\ t=1,\ 2,\ \cdots,\ T \tag{7.16}$$

$$b_t=\beta(a_t-a_{t-1})+(1-\beta)b_{t-1},\ t=1,\ 2,\ \cdots,\ T \tag{7.17}$$

式（7.16）、式（7.17）中，$k>0$，α 与 β 均为阻尼系数，取值范围在 0 ~ 1 之间。

循环变动序列 $Y2$ 的拟合曲线，如图 7 -6 所示，预测结果如表 7 -21 所示。

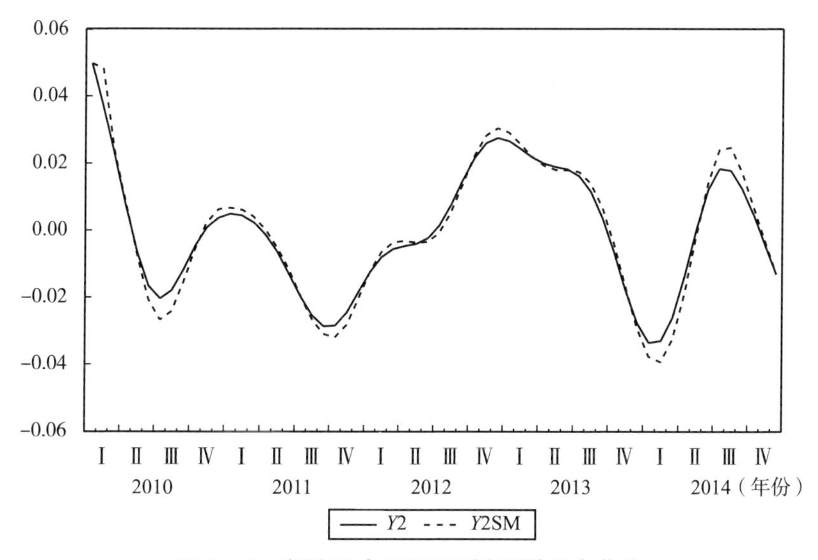

图 7 -6　序列 Y2 与平滑预测序列的拟合曲线

表 7 -21　　　　指数平滑参数估计结果

Date：05/07/15　Time：17：33
Sample：2010M01 2014M12
Included observations：60
Method：Holt - Winters No Seasonal
Original Series：Y2
Forecast Series：Y2SM

Parameters：Alpha		1.0000
Beta		1.0000
Sum of Squared Residuals		0.000617
Root Mean Squared Error		0.003207
End of Period Levels：	Mean	-0.013205
	Trend	-0.009030

从图7－6中可以看出，预测值与实际值的拟合曲线的发展态势，整体来说拟合效果还是比较好的。由表7－21可得知，阻尼系数 $\alpha = 1.0000$，$\beta = 1.0000$。因此，由式（7.16）与式（7.17）计算得出：

$$a_t = Y2_t$$

$$b_t = a_t - a_{t-1} = Y2_t - Y2_{t-1}$$

于是，根据式（7.15）可写出循环变动序列 Y2 的预测值公式为：

$$Y2_{t+k} = Y2_t + k \times (Y2_t - Y2_{t-1}) \tag{7.18}$$

式（7.18）中，这里的 t 是指循环变动序列 Y2 在平滑估计样本区间的最后一期。

4. 时间序列 *Y* 的预测

根据以上分析对原始时间序列 Y 进行最终的预测，也就是预测2015年1月份的乳脂含量，即 $k=1$，$t=61$。由式（7.13）计算可得，长期趋势序列：

$$Y1 = 0.002 \times 61 + 3.702 = 3.824$$

由式（7.18）计算可得，循环变动序列：

$$Y2 = -0.013085 + (0.002977 - 0.013085) = -0.023193$$

由式（7.14）推导可得，季节调整后的序列：

$$Y\_TC = Y1 + Y2 = 3.824 - 0.023193 = 3.800807$$

由表7－18与表7－19查询可得，2015年1月份的月度影响指数为1.00，不规则指数为0.99，代入式（7.10）计算可得，原始时间序列：

$$Y = 3.800807 \times 1.00 \times 0.99 \approx 3.7628$$

即2015年1月份的乳脂含量预测值为3.7628%；而2015年1月份乳脂含量的实际检测值是3.87%。于是，由式（7.9）计算预测值与实际值的相对误差为：

$$(3.87 - 3.7628) \div 3.87 \times 100\% = 2.77\%$$

2.77% < 10%，预测精度较高。

由此可见，该模型用于对乳脂含量的预测是可行的，预测值对于乳制品质量安全风险预警具有较大的参考价值。

5. 应用指标风险预警

2015年1月份的乳脂含量预测值为3.7628%，对照原料生乳中乳脂含量的警限（见表7－22）可知，2015年1月乳制品质量安全在原料生乳方面，乳脂含量指标处于安全状态。将2010年1月～2015年1月的乳脂含量检测值按原料生乳中乳脂含量的警限划分警级，形成风险预警表，如表7－22所示。

表 7－22　　乳脂含量预警　　单位：%

		1 月	2 月	3 月	4 月	5 月	6 月	7 月	8 月	9 月	10 月	11 月	12 月
2010 年	指标值	3.84	3.82	3.78	3.74	3.66	3.63	3.60	3.65	3.68	3.73	3.77	3.78
	警级	安全	安全	安全	安全	较安全	较安全	较安全	较安全	较安全	安全	安全	安全
2011 年	指标值	3.82	3.80	3.77	3.74	3.70	3.67	3.64	3.66	3.69	3.72	3.76	3.80
	警级	安全	安全	安全	安全	安全	较安全	较安全	较安全	较安全	安全	安全	安全
2012 年	指标值	3.82	3.82	3.82	3.77	3.72	3.71	3.70	3.72	3.77	3.80	3.86	3.88
	警级	安全	安全	安全	安全	安全	安全	安全	安全	安全	安全	安全	安全
2013 年	指标值	3.90	3.87	3.85	3.80	3.79	3.78	3.75	3.74	3.79	3.82	3.84	3.85
	警级	安全	安全	安全	安全	安全	安全	安全	安全	安全	安全	安全	安全
2014 年	指标值	3.86	3.84	3.83	3.82	3.81	3.79	3.78	3.79	3.84	3.85	3.86	3.88
	警级	安全	安全	安全	安全	安全	安全	安全	安全	安全	安全	安全	安全
2015 年	指标值	3.87											
	警级	安全											
	预测值	3.76											
	警级	安全											

从预测结果及整个历史数据的安全状态来看，乳脂含量影响因素的检测值均在国家标准规定的范围内，属于安全或较安全状态，符合我国乳制品的生产规范。并且，大部分时间内乳脂含量的检测值是安全状态，只有一小部分时间是处于较安全状态，这部分时间主要集中于一年中气温较高的 6～9 月之间。此外，处于安全状态的时间内，6～9 月之间乳脂含量检测值也是比其他时间内的检测值偏低。显然，乳脂含量与温度有关，温度较高，则乳脂含量偏低。因此，应该在这几个月份对乳脂含量的检测多加关注，以免出现乳制品质量安全问题。

7.4　做好乳制品质量安全风险预警工作的建议

乳制品质量安全风险预警的主要目的，就是通过对乳制品的质量安全状况进行预测，实时了解乳制品生产、加工、存储、运输和销售等过程可能存在的风险因素，进而分析乳制品质量安全隐患，提前做好风险防范工作。建立健全乳制品质量安全风险预警机制，是避免质量安全事故发生的有效途径之一。然而，与发达国家的风险预警工作与水平相比，我国还存在很大差距，需要进行不断的建设、改进与完善。因此，提出如下建议。

7.4.1 建设乳制品质量安全风险预警法律体系

完备的法律体系是保障乳制品质量安全的基础工作，也是有效实施风险预警的坚实后盾。目前，我国关于乳制品质量安全的法律法规虽然不少，但是相对比较分散，并不能集中体现乳制品质量安全各方面的要求，遵循起来比较麻烦。此外，我国也还没有明确的关于乳制品质量安全风险预警的法律法规出台。最新修订的《食品安全法》共九章，第一章总则；第二章食品安全风险监测与评估；第三章食品安全标准；第四章食品生产经营；第五章食品检验；第六章食品进出口；第七章食品安全事故处置；第八章监督管理；第九章法律责任。根据《食品安全法》的九章内容，我国食品安全风险预警的法律法规主要体现在对食品安全的风险监测和评估上，并未对预警作出明确的规定，也没有对风险预警的具体环节做出解释，仍旧缺乏对风险预警的主体、内容、责任、操作程序及技术规范等必要的法律依据。

2012 年 3 月实施的《进出口食品安全管理办法》，在第三章第四十一条提出国家质检总局对进出口食品实施风险预警制度，使我国在进出口食品安全方面的预警机制有了一定的保障。在乳制品质量安全方面，也要加强专门的预警法律的建设。建设乳制品质量安全风险预警法律体系，首先，要保证乳制品质量安全风险预警法律法规的全面性与系统性。建立全面完整的法律规章制度，实现“从农场到餐桌”的每个过程都被预警覆盖，真正做到防患于未然的乳制品质量安全预防工作。其次，要明确乳制品质量安全风险预警的工作范围，对风险预警的动态监测、信息评估、警情警示和预防控制等环节的具体内容给出详细的规定，使乳制品质量安全风险预警工作有法可依。当然，对于乳制品质量安全风险预警法律体系的建设要循序渐进，目前我国关于食品安全风险预警法律的建设还处于初级阶段，可以先从完善食品安全风险预警子系统的法律制度做起，积累一定的实践经验之后，再建立一部科学完整的乳制品质量安全风险预警法律体系。

7.4.2 完善乳制品质量安全检测体系

检测标准与检测技术是做好乳制品质量安全风险预警的基础，完善检测标准、提高检测技术有助于减少乳制品质量安全问题的发生，增加风险预警工作的科学性与准确性。

我国关于乳制品质量安全的检测标准主要包括国家标准、行业标准和地方标准。相较而言，我国的检测标准仍旧存在一定的指标遗漏与限量标准低等问题，不够详细与完善。例如，欧盟对原料生乳中体细胞数的规定是每毫升不超过40万个，而我国的标准要低得多。而且，我国乳制品安全国家标准中有关农药、兽药残留限量标准与欧盟、日本、美国、澳大利亚、新西兰、加拿大等发达国家相比，在限量指标的数量、限量指标值等各方面也存在很大差距，主要是限量指标较少、最大残留限量值高等问题。因此，应该在农药残留、兽药残留、污染物、微生物及食品添加剂等方面进一步完善我国乳品安全国家检测标准。并且，早在19世纪80年代初，一些西方国家的国家标准中采用国际食品安全标准的已达80%，日本已达90%以上。我国需提高对国家标准与国际标准接轨的重视，加强乳制品质量安全检测标准体系的建设。

在检测技术水平方面，我国的检测机构无论是检测设备、检测方法还是检测人员水平，都与先进国家存在很大差距。对于乳制品质量安全的检测，日本的检测体系非常严格，在原料生乳装入储罐之前必须要接受2次强制性抗生素检测。而我国，由于抗生素检测的成本高，在收购原料生乳时不进行检测或只是抽检。并且，检测技术水平的落后也会限制检测标准的提升。

7.4.3 加强乳制品质量安全风险预警信息网络体系建设

风险预警工作需要大量的数据信息的支持，因此，及时与准确获取乳制品质量安全信息是做好风险预警工作的关键。虽然我国建立了信息共享平台，但不同组织与不同区域之间的信息共享水平仍旧比较低，信息交流不通畅。一旦预警信息失去其最重要的时效性与完整性价值，预警工作也就丧失其特有的价值，无法为乳制品的质量安全保驾护航。因此，建立全国互通的乳制品质量安全风险预警信息网络体系，并实行信息公开化、透明化，是实现乳制品质量安全风险预警目标的基本手段。

向公众提供乳制品质量安全信息，可以提高公众的食品安全意识，有助于对乳制品质量安全的监督与管理。给公众一个反映乳制品质量安全信息的平台，有利于政府有关部门实时掌握乳制品质量安全信息的总体发展情况，以便于实施快速的预警决策，减少乳制品质量安全事故的发生。

此外，要注重奶业协会与大众媒体在预警工作中的作用。奶业协会作为乳制品的行业性组织，对中国奶业的实际情况了解比较全面。政府借助奶业协会的有利资源，可以充分节约乳制品质量安全风险预警工作的预警成本。大众媒体则是消费者比较信赖的监督主体之一，不少媒体把帮助消费者维权作为主要工作之一。相对于政府监管部门来说，大众媒体的优点在于反应迅速、及时，关注度高，消费者更愿意将信息提供给新闻媒体。通过大众媒体把消费者掌握的乳制品质量安全信息进行公布，也是一种有效的提高风险预警效率的方式。

7.4.4 加强乳制品信息可追溯系统的建设

乳制品信息可追溯系统是风险预警工作中预防控制阶段的重要组成部分，当发生乳制品质量安全问题时，可利用乳制品质量安全追溯系统去实现源头追溯、责任追究、全程召回等重要功能，扼制乳制品质量安全问题的扩散。

国内对乳制品信息追溯的研究起步比较晚，一些学者借鉴国外先进技术的实践经验，先后将 DNA 条码技术与无线射频技术（RFID）应用于乳制品信息可追溯系统，推动了国内对可追溯系统建立的进程。近年来，二维码技术的发展，也成为学者研究乳制品信息可追溯系统的重点。2012 年国家启动了乳制品质量安全追溯物联网应用示范工程项目，2014 年伊利、蒙牛、光明也先后推出了有机信息可追溯乳制品。但追溯码的内容不统一，且可追溯系统的应用范围主要集中在婴幼儿奶粉与高端产品，并不能满足做好乳制品质量安全风险预警工作的需求。因此，还应积极推进乳制品信息可追溯系统中应用技术的研究及相关标准、规范的建设。同时，推广乳制品信息可追溯系统的应用范围，将对乳制品的追溯功能逐步改变为不仅仅是高端产品及婴幼儿产品的特有功能，而是拓展为覆盖面广、可操作性强的普遍适用的技术功能，从而发挥乳制品质量安全风险预警的作用。

第8章　基于形成性指标的乳制品质量安全风险预警

形成性指标是相对于反应性指标而提，反应性指标在第7章已经谈到。形成性指标是指乳制品在成品形成过程中影响其质量安全的要素的指标。

8.1　乳制品质量安全风险预警指标体系设计

8.1.1　预警指标选取的原则

关于乳制品质量安全风险预警指标的选取原则，在第7章已经谈到。考虑到章节的完整性，本章同样对该原则做一叙述。

1. 科学性原则

科学性原则是指选择的指标必须遵从相关科学理论的指导，即所选的指标要与乳制品质量安全有密切的因果逻辑关系，可以根据对指标数据的分析推测出乳制品质量安全的变化情况。所选取的指标的科学性是保证预警指标体系合理性与有效性的前提条件，是选取指标的基础性原则，只有体现科学性的预警指标才能真实地反映出乳制品质量安全风险的变化情况。此外，预警指标体系的大小必须适当，如果构建的指标体系过于庞大或指标体系的层次太多或指标项目太细，都势必导致实际运用中的操作困难和工作的负担，大大降低预警的实用性。因此，预警指标体系的设定必须遵循科学性原则。

2. 系统性原则

选取指标构建预警指标体系时，应当坚持系统性原则，即坚持乳制品质量安全风险预警的系统性与整体性。尽可能保证将可能影响乳制品质量安全风险的各种因素都纳入考察范围内，尽可能完整地反映出乳制品质量安全的发展变化以及所有影响因素的未来状态。但是，要求全面、系统性考虑并不意味着要做到面面俱到、一个不落地选择预警指标。

3. 代表性原则

反映乳制品质量安全的指标是一个复杂、繁多的指标集合，或对乳制品质量安全造成隐患的因素有很多；这就要求选择的指标必须是跟乳制品质量安全有十分紧密关系的，并能够根据对指标数据分析做出对乳制品质量安全风险的预警。因此，所选取的指标应具有一定的典型性和代表性，每个指标都能代表影响乳品质量安全的某一方面，尽可能避开指标之间的重叠与交叉。要选取常见的指标，对那些影响广、危害大的指标也应加以考虑。

4. 可操作性原则

预警模型终究要运用到实际监管工作中，这就要求其指标体系必须具备较强的可操作性。换言之，预警指标的选取要考虑指标的数据资料是否容易被收集和整理，指标的数据资料能否确保准确、能否进行计算，否则就无法采用预测模型进行预警分析，从而致使后续研究无法进行。预警指标是否可以量化分析以及指标数据的可获得性是可操作性的前提条件。

5. 灵敏性原则

用于进行预警的指标，其变化应能够灵敏地反映出对乳制品质量安全状况的异常变化及其产生的后果进行有效的预测，以便尽早对乳制品的质量安全做出应急措施。

6. 可借鉴性原则

奥特曼教授认为，用于构建预警模型的指标的选取应当在以往研究中多次出现的预警指标中选择，这样可以充分参考和借鉴前人的研究思路，避免犯不必要的错误①。因此，借鉴国内外文献对食品安全领域的风险预警研究，将那些出现频率较高且有效的预警指标纳入本书的乳制品质量安全风险预警指标体系范围，作为备选指标。

8.1.2 预警指标项的选取与分析

在遵循上述预警指标选取原则的基础上，根据乳制品质量安全风险产生的因素，在相关数据资料可得性的前提下，本书结合现有研究成果和实践经

---

① Njubi D. M., Wakhungu J. W., Badamana M. S. Prediction of second parity milk performance of dairy cows from first parity information using a artificial neural network and multiple linear regression [J]. *Asian Journal of Animal and Veterinary Advances*, 2008 (3): 222–229.

验，从乳制品生产加工环节遴选了影响乳制品质量安全的关键环节和风险因素作为预警指标。具体而言，就是乳制品在成品形成过程中影响其质量安全水平变化情况的警情指标，即乳制品质量国家抽检合格率和能预示乳制品质量安全状况变化的因素的警兆指标；其中包括规模化养殖水平、饲料抽检合格率、兽药抽检合格率、机械化挤奶水平、生产加工用水卫生合格率、生产加工设备消毒合格率、食品添加剂合格率以及乳制品生产加工行业集中度等。接下来对每个预警指标项进行具体分析。

1. 规模化养殖水平

规模化养殖水平是指年存栏量在 100 头以上的养殖场个数占全国养殖场总数之比。奶牛的规模化养殖，并不意味着简单地将奶牛集约式饲养，而是奶牛养殖结构的科学化、机械化操作的推广以及科学管理理念的普及①。实践经验表明，乳制品质量与奶牛的规模化养殖程度、标准化管理水平以及集约化程度之间呈现出明显的正相关关系。相对于小规模饲养模式或者散户饲养模式，规模化养殖的优势就在于其具有较好的规模效应，即养殖成本的降低。这直接有利于养殖场配套设施的完善、饲养管理水平的提高以及奶牛疾病防控能力的增强，能够从源头上切实保障乳制品质量安全水平。

2. 饲料质量合格率

乳制品质量安全状况与饲料的质量安全水平有着直接关系，而饲料质量抽检合格率是饲料质量安全的反映。实践经验表明，奶牛食用的饲料本身存在有毒有害的物质，比如重金属含量超标、农药兽药残留、添加剂的不当使用和饲料发霉或者受其他微生物的污染等都会严重影响到饲料的品质，进而对乳品质量安全构成潜在的威胁。

3. 兽药质量合格率

兽药是奶牛养殖中用来治疗或者预防奶牛患病的重要手段。兽药的质量水平是防控乳制品质量安全风险的关键控制项目，质量不达标的兽药或者兽药的不科学使用，都将会造成原料生乳中兽药含量超标或残留，这会严重影响到乳制品质量安全。鉴于此，本书选取了兽药质量合格率来衡量兽药质量安全水平。

4. 机械化挤奶率水平

挤奶方式是在挤奶过程中能直接影响到乳制品质量安全的关键技术环

① 赵文哲，钱贵霞. 奶牛规模化养殖的可持续性评价 [J]. 中国人口·资源与环境，2013，23 (S2)：435 - 438.

节。在人工挤奶的过程中，由于挤奶操作人员可能因为个人卫生、疾病或者挤奶操作的不规范等问题，非常容易将致病菌或杂质带入乳制品中，使原料生乳的质量安全遭受威胁。相比之下，机械化的挤奶方式所带来污染的可能性较少。因为，机械化挤奶方式能够避开操作人员在挤奶过程中诸多不卫生因素，大大减少了细菌传播的路径，能够有效降低乳制品被污染的可能性。因此，本书选择机械化挤奶率指标来衡量挤奶过程中乳制品的质量安全水平。

5. 生产加工用水卫生合格率

生产加工用水是乳制品在生产加工环节中不可或缺的原料用水以及清洁用水，它的质量安全状况也会直接影响乳制品的质量安全。所谓加工用水卫生合格率，是指乳制品在生产加工过程所使用的水符合国家相关部门所制定的有关卫生标准的比例。因此，本书将以国家卫生监管部门对生活饮用水抽检合格率来近似地测量乳制品加工用水安全状况。

6. 生产加工设备消毒合格率

生产加工设备消毒合格率是指乳制品生产加工企业的生产设备符合卫生操作规范的比例。依据《食品卫生法》相关条款规定，食品在制作过程中所使用到的生产设备、器具等在使用前后都要进行清洗与消毒。鉴于数据资料获取难度比较大，本书选择了国家卫生部关于消毒产品经常性卫生监督抽检合格率作为乳制品的生产加工设备消毒合格率。

7. 食品添加剂产品合格率

食品添加剂是为改善乳制品的品质、外观以及贮存性质的必需物质之一，其自身质量的安全与否也会直接影响乳制品质量安全。自 2008 年的“三聚氰胺”事件以来，食品添加剂便成为我国食品监管部门重点监控的对象。因此，本书选取了食品添加剂产品的质量抽检合格率作为评价乳制品质量安全水平的关键指标之一。

8. 乳制品生产加工行业集中度

乳制品生产加工行业集中度是指乳制品市场上前 N 家主要企业所占市场份额的总和。有研究表明，乳制品的行业集中度会影响企业利润空间，进一步会影响到乳制品质量安全的保障能力①。同时，行业集中度的高低决定了政府食品监管模式的选择，高的行业集中度适合于单一政府监管部门的统

---

① 周小梅，张琦．产业集中度对食品质量安全的影响——以乳制品为考察对象［J］．中共浙江省委党校学报，2016，32（5）：114－122.

一监管模式，这能够提高监管效率，同时降低了食品质量安全风险①。鉴于此，本书将以乳制品销售额作为基数，根据行业集中度 CR_{10} 来测算乳制品生产加工行业的集中度。

8.1.3　预警指标体系的构建

综合以上所述，本书基于一个警情指标和八个警兆指标构建乳制品质量安全风险预警指标体系。为了便宜行事，我们用 Y 表示警情指标，用 X_1 ~ X_8 依次代表规模化养殖水平等八个警兆指标，并给出了每个预警指标项目的具体计算方式，如表 8－1 所示。该预警指标体系为运用遗传优化 BP 神经网络的预警模型对乳制品质量安全风险的相关数据资料的处理和分析做了铺垫。

表 8－1　　乳制品质量安全风险预警指标体系

警情指标	警兆指标	指标代码	计算方式	指标出处
乳制品质量抽检合格率（Y）	规模化养殖水平	X_1	年存栏量在 100 头以上的养殖场个数/全国养殖场总数×100%	文献［27］
	饲料质量合格率	X_2	饲料质量抽检合格批次/饲料质量抽检总批次×100%	文献［27］、［28］、［63］
	兽药质量合格率	X_3	兽药质量抽检合格批次/兽药质量抽检总批次×100%	文献［27］
	机械化挤奶率	X_4	使用机械化挤奶设备的规模养殖场个数/全国规模养殖场总数×100%	文献［40］
	生产加工用水卫生合格率	X_5	生产加工用水抽检合格批次/生产加工用水抽检总批次×100%	文献［27］、［76］
	生产加工设备消毒合格率	X_6	生产加工设备消毒抽检合格批次/生产加工设备消毒抽检总批次×100%	文献［27］、［76］

① 杨艳涛．食品质量安全预警与管理机制研究［M］．北京：中国农业科学技术出版社，2013（1）：142－151.

续表

警情指标	警兆指标	指标代码	计算方式	指标出处
乳制品质量抽检合格率（Y）	食品添加剂合格率	X_7	食品添加剂抽检合格批次/食品添加剂抽检总批次×100%	文献［27］、［76］
	乳制品生产加工行业集中度 CR_{10}	X_8	上市的前十家乳品企业的销售收入之和/规模以上乳品企业的销售收入总额×100%	文献［27］、［75］

8.2 基于GA-BP神经网络的乳制品质量安全风险预警模型的构建

在本小节中，我们所构建的乳制品质量安全风险预警模型是来自于BP神经网络和遗传优化算法的合成。具体而言，我们首先是确定以BP神经网络模型为主要模型，把八个警兆指标变量作为网络的输入端，并利用收集到的指标样本数据资料对网络模型进行训练和学习，最后输出网络的预测结果。其次，我们以遗传算法为辅，用以改进和完善BP网络的初始权值与阈值，以实现预警模型的最佳性能。在实际的运用中，这两种算法的结合能够让预警模型同时兼顾自主学习功能和进化功能，在某些程度上克服了单个方法使用的不足。

8.2.1 BP神经网络的结构设计

通过前面章节的介绍可知BP神经网络的训练学习的大致过程，即将指标数据经输入层导入，通过中间各层的权值、阈值以及连接函数等的计算得出网络的实际输出，如果实际输出与期望输出之间存在较大的误差，则将该误差由输出层开始逆向传播以进行权值和阈值的修正。经过多次反复的过程，直到总误差减小到符合要求时网络才停止训练。通过上述分析可知，BP网络设计的关键点在于网络的层数、各层的节点数和网络初始化参数。

1. 网络层数的设计

网络层数的多少对网络的性能起着决定性作用。网络层数的增加固然能够提高网络模型预测结果的精确程度以及整个网络模型的泛化能力，但遗憾的是，这样的做法不可避免地增加了网络结构的复杂性、继而降低了网络的学习效率等问题。研究经验表明，任何闭区间内的连续函数皆能用单隐层 BP 网络逼近，一个 3 层的 BP 网络就可以完成任意的 N 维到 M 维的非线性映射①。因此，本书选择 BP 神经网络的结构为三层，即输入层、输出层和单个隐含层。

2. 各层节点数的确定

通常情况下，输入层和输出层的节点数量的设计是由所研究问题的实际情况来决定的。一般地，输入层的节点数量与输入变量的数量保持相等，而输出层的节点数则视研究的实际情况而定。本书是对乳制品质量安全风险预警进行研究，需要将上文所建立的预警指标体系中的八个警兆指标作为 BP 网络的输入层特征向量，因此，输入层的节点数就设定为 8 个。预测目标是乳制品质量抽检合格率，所以把反映警情指标的乳制品质量抽检合格率作为网络模型的输出特征向量，其输出层的节点数设定为 1 个。

隐含层节点数的确定是一个相对复杂的问题，其数量的多寡对网络的性能造成直接影响。然而，目前并没有一个统一的理论指导确定隐含层节点个数。若节点数太少，网络不能很好地反映输入与输出变量之间关系，也不能达到较好的学习训练效果；若节点数过多，网络结构显得过于复杂，势必会延长网络的学习时间，“过拟合”的概率也随之增高。大多数情况下，隐含层的节点数的确定是依赖于研究者的实践经验和反复试验。具体做法是，先根据经验公式计算神经元个数的可能选择，然后再用试凑法进行一定程度的微调并分析比较多次训练结果从中确定误差最小时的隐含层节点数目。经过研究者的不断尝试，总结出了一些可供参考的经验公式，通过这些公式能够得到节点数的估计值或得到一个大致范围，然后再通过试凑法找到适当的隐含层节点数。常用经验公式如下②：

$$p = q + \sqrt{m + n} \tag{8.1}$$

式（8.1）中，P 代表隐含神经元个数；m 为输出层节点数；n 为输入层节点数；q 表示常数（$1 \leqslant q \leqslant 10$）。本书根据式（8.1）计算出的隐含层节点数的取值于 4 ~ 13 之间。从 4 开始，对同一个数据样本进行反复试验，试验结果如表 8 - 2 所示。

---

① 飞思科技产品研发中心．神经网络理论与 Matlab7 实现［M］. 北京：电子工业出版社，2005（3）：102 - 104.

② 常丽娟，陈玲英 . BP 神经网络在基本养老保险基金支付风险预警中的应用［J］. 统计与信息论坛，2011，26（11）：80 - 84.

表 8－2　　不同隐含层节点数对应的网络误差及迭代次数

隐含层节点数（个）	训练误差	迭代次数
4	0.1013	578
5	0.0964	367
6	0.0876	311
7	0.0602	465
8	0.0619	311
9	0.0799	276
10	0.0801	291
11	0.0301	225
12	0.0100	189
13	0.0098	157

不同的隐含层节点数所对应的网络训练误差曲线和迭代次数曲线，如图 8－1所示。

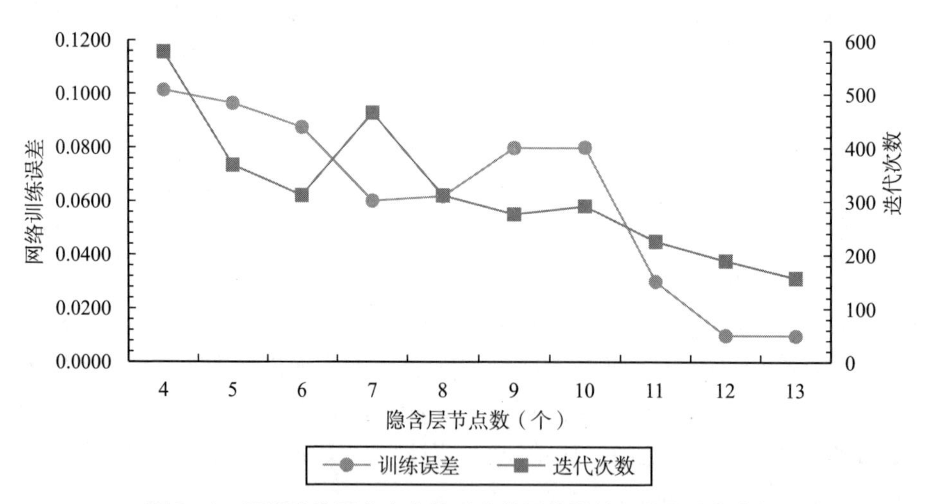

图 8－1　不同隐含层节点个数对应的网络训练误差及迭代次数

通过图 8－1 可知，当隐含层节点数目为 13 时，网络的收敛速度快，误差达到最小。因此，本书设定的隐含层节点数为 13，最终 BP 网络的结构可以确定为 8－13－1。

3. BP 网络初始化参数的设置

BP 网络的初始化参数的设定是很关键的环节，其关系到网络的收敛速度、预测精度等。在模型的建立过程中，主要涉及以下几个方面：

（1）学习率的设置。

学习率关系着网络的收敛速度。通常而言，较大的学习率可能会加剧网络训练的不稳定性，有时候会致使网络瘫痪；当然，学习速率较小时，又可能会增加网络训练的时间，减缓网络的收敛。一般而言，学习率的取值范围在 0.01 ~0.1 之间，这就需要研究者根据不同的情况来设定不同的学习率。在本书中，我们通过对同一个数据样本进行反复试验，其结果如图8 -2所示。根据图中数据，把学习速率设定为 0.01 是比较合适的。

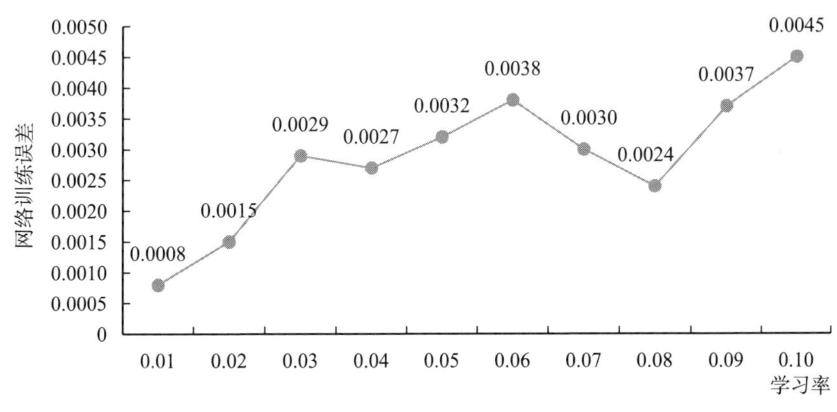

图 8 -2　不同学习率对应的网络训练误差

（2）最大训练次数的确定。

要根据实际情况来确定网络的训练次数。在其他参数设定合适的前提下，较大的训练次数能够得到更为精确的预测结果，但同时会加大网络的发散性，不利于网络的收敛。本书在确定隐含层节点数时进行了反复测试，实验结果如表 8 -3 所示。

表 8 -3　不同的训练次数对应的训练误差

训练次数	训练误差	训练次数	训练误差
50	0.95877	800	0.02754
75	0.92861	900	0.00637

续表

训练次数	训练误差	训练次数	训练误差
100	0. 18891	1000	0. 00192
150	0. 16434	1100	0. 00172
200	0. 09698	1200	0. 00061
250	0. 09652	1300	0. 00181
300	0. 08336	1400	0. 00132
350	0. 08019	1500	0. 00053
400	0. 07238	1600	0. 00224
450	0. 07274	1700	0. 00197
500	0. 05825	1800	0. 00178
600	0. 06148	1900	0. 00127
700	0. 04077	2000	0. 00131

不同的训练次数所对应的网络训练误差曲线如图 8 – 3 所示。

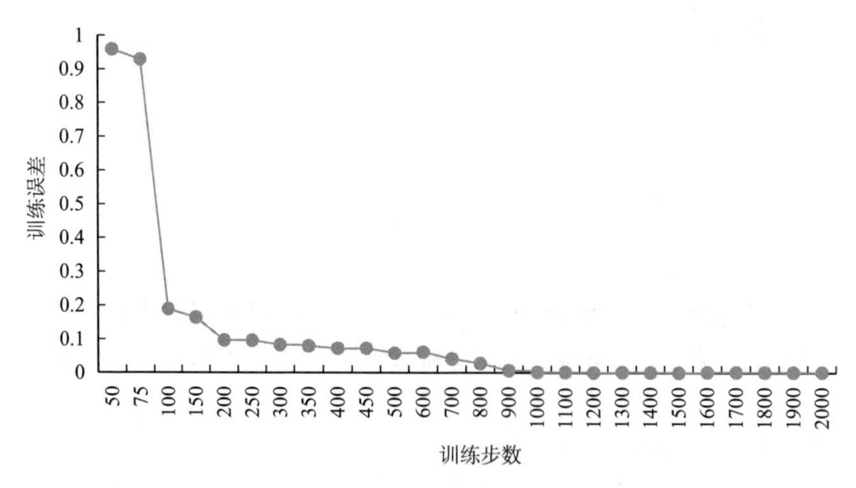

图 8 – 3　不同训练次数对应的网络训练次数

从图 8 – 3 中可知，在实验过程中，伴随着训练步数的增加，网络的训练误差也在不断地下降，在训练次数达到 1000 步时，网络趋于稳定，网络误差基本保持在 0. 001 左右。因此，在保证网络精确度的前提下，本书将最大训练步数设置为 1000 次。

（3）目标误差的选择。

目标误差是指在网络训练过程中误差到达某一设定值时，训练停止，目标误差的选择也是一个很重要的问题。如果设定的误差精度过小的话，这就要求网络进行过多的训练才能达到目标要求，这就为“过拟合”现象的发生埋下了隐患；相反，如果误差精度设置较大的话，网络的训练目标就相对容易实现，但可能与最好的精度要求不相符。本书在确定目标误差时，通过不断增加训练次数来观察误差的变化趋势，当随着训练次数的增加误差趋于稳定时就选择此时的误差值作为目标误差。本书设置的目标误差为 0.001。

（4）连接函数的选取。

连接函数，也被称为激活函数或传递函数，它在 BP 神经网络中发挥着核心和桥梁的作用，对网络的性能和预测结果起着至关重要的作用。本书选取的连接函数是 S 型函数，该函数更加逼近人脑神经元的信息输出模式，同时还拥有着连续可微分性和饱和非线性特征，强化了网络的非线性映射功能。因此，本书选择 S 型函数 Logsig 作为输入层和隐含层之间的连接函数，Tansig 函数作为隐含层与输出层之间的连接函数。鉴于 BP 网络的缺陷和本书中的指标数据量较少，网络的训练函数则采用进化的 Traingdx 函数。相对于其他训练函数，该函数可以根据具体实际情况动态自适应地改变学习速率，使其能够更好地训练小样本量的网络①。

4. 遗传算法的参数设计

遗传优化算法中的参数主要涉及以下几个方面：

（1）种群规模的设置。

种群规模较大，显然会增加计算工作量，训练时间也会加长，降低了学习效率；当然，种群规模也不能太小，否则可能会弱化遗传算法的处理能力，极易陷入局部极小值。从实际经验来看，种群规模一般的取值范围在 20 ~ 200 之间，本书根据具体情况将种群规模设置成 25。

（2）最大迭代次数的选取。

最大迭代次数是指当遗传算法运行停止时迭代的某个数值，是遗传算法终止的条件之一。通常情况下，迭代次数的取值于 100 ~ 1000 之间，本书设定的最大迭代次数为 100。

---

① 谢红梅，廖小平，卢煜海．遗传神经网络及其在制品质量预测中的应用［J］．中国机械工程，2008（22）：2711 - 2714.

（3）交叉概率的确定。

当交叉概率比较大时，种群中的个体就会充分交叉，消耗时间且增添了多余的解空间；在交叉概率较小的情况下，可能会影响到种群个体产生下一代的能力，从而阻碍算法的搜索。依据经验，交叉概率值一般在 0.2 ~ 1.0，本书所设置的交叉概率为 0.4。

（4）变异概率的选择。

变异概率的取值关系着变异操作被运行的次数。变异概率设置恰当会使下一代新个体在摒弃了父代的劣质基因的同时又能完全保留父代的优良基因。若变异概率过大时，种群中已有的优良模式很可能会被破坏；而变异概率过小时，种群的进化速度也可能受阻。一般而言，变异概率的大小以 0.01 ~ 0.1 为宜，本书设置的变异概率为 0.02。

8.2.2 遗传算法优化 BP 神经网络

由第 2 章中对 BP 网络理论和遗传算法的介绍可知，BP 网络凭借其自身长处而广受研究者的青睐，但这也不能掩盖其局部极小值、训练低效率以及全局搜索能力弱等缺陷。相较而言，遗传算法的全局搜索能力表现不俗，但局部搜索能力略显不足。因此，需要其引入 BP 网络以补足 BP 算法的短板。

1. 基本思路

研究表明，遗传优化算法对 BP 神经网络的优化路径有三个：一是优化网络的拓扑结构，二是优化初始权值和阈值，三是同时优化网络拓扑结构和权值和阈值①。本书的网络模型为相对简单的三层拓扑结构，因此，只需要对 BP 网络的初始权值和阈值进行优化和修正。其原因有二：其一，BP 网络权值和阈值的修正和调整是在误差梯度下降法进行的，这就导致网络极易陷入局部极小值。其二，目前网络的初始权值和阈值的赋值是随机性的，缺少理论依据，不能保证预测结果的稳定性。本书运用遗传算法优化 BP 网络的基本思路：首先，凭借遗传算法的全局搜索优势寻找最优秀的 BP 网络初始权值和阈值的集合；其次，按适应值大小将其中最优良的基因个体赋予网络初始权值和阈值；最后，利用 BP 神经网络的局部搜索优势搜索出全局的最优解。如此一来，遗传算法和 BP 网络的结合就可以充分发挥二者的优

① 郭盼盼．基于 GA – BP 神经网络的多日股票价格预测［D］．郑州：郑州大学，2019.

势，进而达到理想的预测结果。

2. 优化的流程

遗传算法对 BP 网络进行优化的流程，如图 8－4 所示。在优化 BP 网络之前，需要对 BP 网络的拓扑结构和各初始化参数进行适当的设定，再经过遗传算法的优化而得到初始权值和阈值的集合，若这个集合中的权值和阈值未能满足要求，则需要 BP 网络对权值和阈值进行稍微的调整，如此一来达到比较满意的预测结果。具体的优化流程如下：

（1）随机初始化网络的权值和阈值，以某种编码机制将这组权值和阈值加以编码，产生初始种群。

（2）通过误差函数来确定适应度函数，一般的，误差与适应度成反比，误差越小，适应度值就越大。

（3）对比选择一些适应性较好的基因个体直接遗传到新一代，其余的以适配值确定的概率进行遗传。

（4）通过选择、交叉、变异等操作处理当前种群和产生新一代种群。

（5）重复步骤（2）、步骤（3）直到训练结果满足预定要求或者迭代次数到达设定的最大值为止。

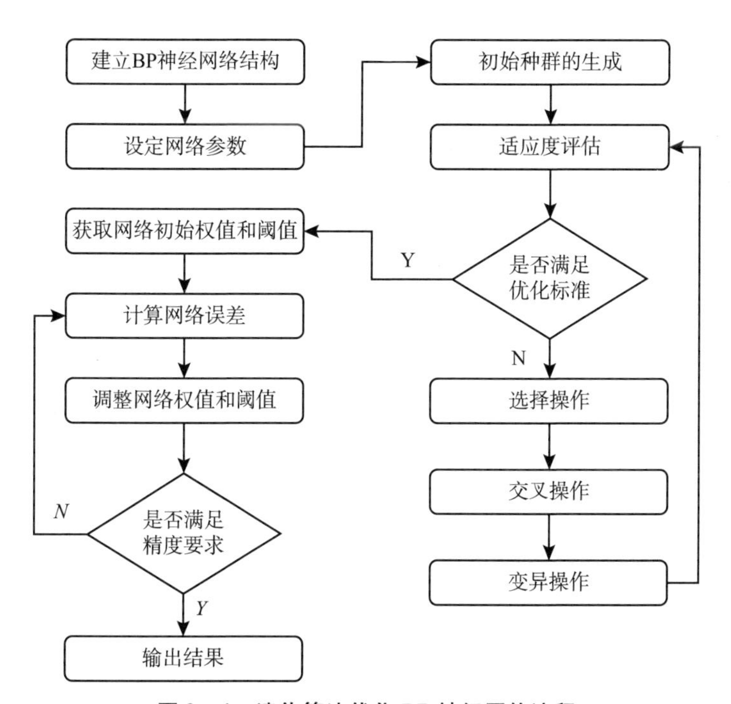

图 8－4　遗传算法优化 BP 神经网络流程

8.3 乳制品质量安全风险预警的实证分析

8.3.1 数据资料的来源与预处理

1. 数据资料的来源

乳制品质量安全风险预警的基础是基于大量的历史数据，选择的定量指标应能反映乳制品质量安全风险的特征，并且既不能过多也不宜过少。在指标数据可获得的前提下，本书以年为预警时刻，选取了2002～2017年共16组有关乳制品质量安全风险预警指标的历史数据作为原始数据，如表8－4所示。其中，乳制品质量抽检合格率、规模化养殖程度、机械化挤奶率以及乳制品生产加工行业集中度（*CR*10）等指标数据资料主要来自《中国奶业质量报告2016～2018》与《中国奶业年鉴2003～2017》，并经过作者计算整理而得；兽药质量抽检合格率与饲料质量合格率均来源于《中国畜牧医年鉴2003～2017》和国家农业农村部官方网站的公开资料；乳制品生产加工用水卫生合格率、乳制品生产加工设备消毒合格率与食品添加剂质量合格率的数据主要选自《中国卫生健康统计年鉴2003～2018》《中国食品安全发展报告2012～2018》以及国家食药监管部门的官方网站等。此外，因个别指标数据统计不完全的客观原因，本书中的2002年机械化挤奶率数据利用近似法得到，即2002年的数据与2003年的数值相同。乳制品生产加工设备消毒合格率指标中2002～2006年的数据是引用了文献中已有的数据。由此可见，本书所采用的相关指标数据资料均来自公开透明的官方文件或报道，能够保证预测的真实性与可靠性。

表8－4　2002～2017年乳制品质量安全风险预警指标原始数据

年份	规模化养殖水平%（X_1）	饲料质量合格率%（X_2）	兽药质量合格率%（X_3）	机械化挤奶率%（X_4）	加工用水卫生合格率%（X_5）	加工设备消毒合格率%（X_6）	食品添加剂合格率%（X_7）	行业集中度 CR_{10}%（X_8）	乳制品抽检合格率%（Y）
2002	11.90	86.95	67.65	38.43	83.51	72.20	79.80	39.70	82.03
2003	12.49	93.90	69.00	38.43	85.64	77.48	92.31	57.30	81.97

续表

年份	规模化养殖水平%（X_1）	饲料质量合格率%（X_2）	兽药质量合格率%（X_3）	机械化挤奶率%（X_4）	加工用水卫生合格率%（X_5）	加工设备消毒合格率%（X_6）	食品添加剂合格率%（X_7）	行业集中度CR_{10}%（X_8）	乳制品抽检合格率%（Y）
2004	11.22	93.10	70.40	47.74	85.57	75.66	93.52	63.77	84.51
2005	11.16	92.40	73.60	44.84	89.43	72.00	89.52	56.50	86.73
2006	13.13	93.80	76.40	54.00	87.74	85.40	95.70	56.67	87.91
2007	16.35	88.29	78.50	68.33	88.60	94.70	94.92	53.68	86.50
2008	19.50	88.63	81.70	73.30	88.60	97.00	95.80	45.70	94.00
2009	26.80	90.93	84.90	73.38	87.40	97.40	97.00	44.32	99.02
2010	30.60	93.89	91.10	77.62	88.10	92.00	100.00	44.75	99.10
2011	32.90	95.51	91.40	89.00	92.10	96.40	97.73	62.90	98.99
2012	37.30	95.71	92.80	90.00	92.30	94.80	99.00	63.51	98.98
2013	41.10	96.03	93.20	90.00	92.76	94.70	98.35	61.98	99.16
2014	45.20	96.20	95.30	90.00	94.27	94.60	99.51	41.87	99.20
2015	48.30	96.23	96.07	95.00	94.8	95.60	99.60	54.08	99.50
2016	52.30	96.31	96.50	95.00	95.62	95.32	99.80	50.83	99.50
2017	58.30	97.40	97.00	100.00	96.00	96.90	99.98	65.00	99.20

2. 数据的预处理

数据的预处理是指对输入与输出的样本数据进行归一化或者标准化的转换过程。一方面，收集到的原始指标数据之间一般存在较大的数量级差异，这会对网络的收敛速度、学习效率以及网络性能产生负面影响。另一方面，BP 网络的连接函数多采用的是 Sigmoid 函数，由于 Sigmoid 函数的特性，数据的归一化处理能够避免权值和阈值调整后落入误差曲面的平坦区域。因此，在网络训练前一般需要对原始数据进行标准化处理。本书采用式（8.2）使指标的原始数据落入区间［0，1］内，并利用 MATLAB R2017a 中的 map min max 函数实现。处理后的数据结果（保留 4 位小数）如表 8 -5 所示。

$$Y_i = \frac{X_i - X_{min}}{X_{max} - X_{min}} \tag{8.2}$$

式（8.2）中，Y_i 为归一化后的数据；X_i 为输入的原始数据；X_{max}、X_{min}分别为输入原始数据中的最大值和最小值。

表 8-5　　　　归一化处理后的预警指标数据

年份	X_1	X_2	X_3	X_4	X_5	X_6	X_7	X_8	Y
2002	0.0217	0.0000	0.0000	0.0000	0.0000	0.0079	0.0000	0.0000	0.0035
2003	0.0391	0.7514	0.0488	0.0000	0.1980	0.2157	0.6193	0.7312	0.0000
2004	0.0018	0.6649	0.0995	0.1805	0.1914	0.1441	0.6792	1.0000	0.1474
2005	0.0000	0.5892	0.2152	0.1234	0.5502	0.0000	0.4812	0.6980	0.2763
2006	0.0579	0.7405	0.3165	0.3019	0.3931	0.5276	0.7871	0.7050	0.3447
2007	0.1525	0.1449	0.3924	0.5798	0.4730	0.8937	0.7485	0.5808	0.2629
2008	0.2450	0.1816	0.5081	0.6762	0.4730	0.9843	0.7921	0.2493	0.6982
2009	0.4595	0.4303	0.6239	0.6777	0.3615	1.0000	0.8515	0.1919	0.9896
2010	0.5711	0.7503	0.8481	0.7599	0.4266	0.7874	1.0000	0.2098	0.9942
2011	0.6387	0.9254	0.8590	0.9806	0.7983	0.9606	0.8876	0.9639	0.9878
2012	0.7679	0.9470	0.9096	1.0000	0.8169	0.8976	0.9505	0.9892	0.9872
2013	0.8796	0.9816	0.9241	1.0000	0.8597	0.8937	0.9183	0.9256	0.9977
2014	1.0000	1.0000	1.0000	1.0000	1.0000	0.8898	0.9757	0.0902	1.0000
2015	0.0000	0.0000	0.0000	0.0000	0.0000	0.1772	0.0000	0.2294	1.0000
2016	0.4000	0.0684	0.4624	0.0000	0.4556	0.0000	0.5263	0.0000	1.0000
2017	1.0000	1.0000	1.0000	1.0000	1.0000	1.0000	1.0000	1.0000	0.0000

8.3.2　预警模型的训练

对于样本数据的处理，一般要把样本数据区分为训练样本和测试样本。其中，训练样本是用来对模型的训练学习，而测试样本是用来验证训练之后的模型的性能，如果测试结果与期望结果较一致时，我们就认为模型建立成功，可以应用该模型进行预警预测了。根据训练样本数据不得少于2/3的原则，对表8-5中的全体样本数据进行划分，其中选取2002~2014年的共13年的样本数据作为训练样本，2015~2017年的共3年的样本数据作为测试样本以验证模型的性能。网络训练之前，就需要利用遗传算法对BP网络各层的初始权值和阈值进行优化，进化过程中的个体平均适应度曲线如图8 -5所示。观察可知，在进化迭代次数到达 20 次之前，个体的平均适应度值下降较为明显，而进化 20 次以后，个体的平均适应度值越来越小，甚至是趋向平行于横轴，这表明个体的适应能力越来越强，而且个体的适应能力趋于稳定状态。伴随着适应度的变化，便能得到与之相对应的 BP 网络的最优初始权值和阈值，见表 8 -6。然后，将这些权值和阈值赋予 BP 神经网络，并结合前面章节中配置好的网络参数对 BP 网络进行训练。

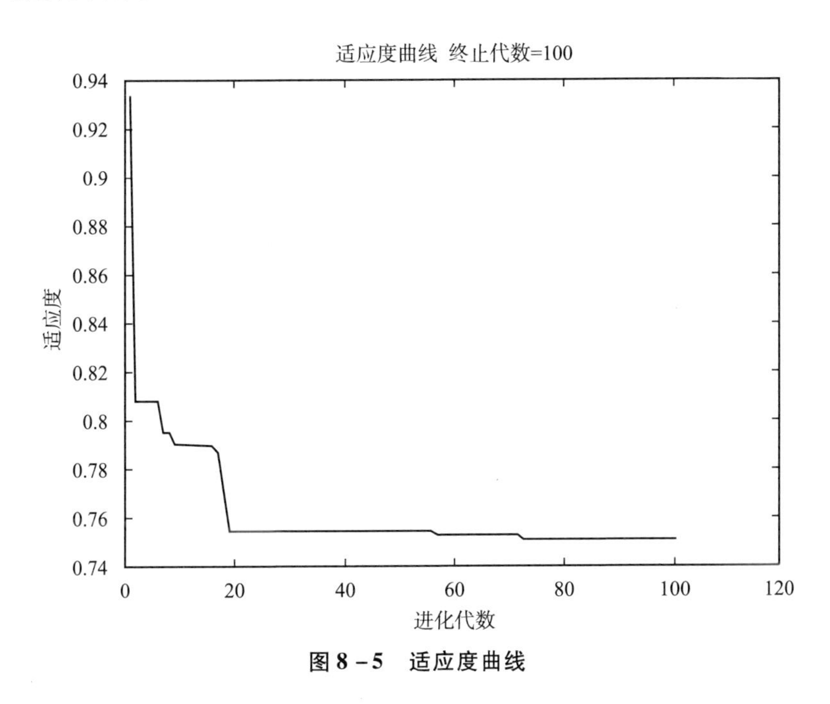

图 8 -5　适应度曲线

为了对比经过遗传优化的 BP 网络和单纯的 BP 网络模型的性能，我们将运用相同的数据样本和网络参数设置分别训练优化前后的 BP 网络，其训练结果分别显示在图 8 -6 和图 8 -7 中。其中，图 8 -6 为优化之前的 BP 网络的训练误差曲线图及其对应的迭代次数；图 8 -7 为遗传优化之后的 BP 网络的训练误差曲线图及其对应的迭代次数。经对比发现，优化后的 BP 网络训练仅仅需要 75 次就达到了收敛效果，而 BP 网络则迭代了 155 次，而且误差曲线也更加平缓，这说明了遗传算法和 BP 网络的结合，明显提高了网络收敛速度并弥补了局部极小值的缺陷，同时网络的性能也趋于稳定了。

表 8－6　遗传算法优化后的 BP 网络初始权值和阈值

变量	H_1	H_2	H_3	H_4	H_5	H_6	H_7	H_8	H_9	H_{10}	H_{11}	H_{12}	H_{13}	阈值
X_1	2.9415	0.3759	2.0016	-0.9187	1.8475	-1.4970	-0.0680	-0.4646	0.6900	-2.0483	1.2345	2.0434	-1.1643	
X_2	-0.4973	-2.1646	1.4715	-0.7116	-0.0897	2.4377	2.4085	-2.7472	2.8197	2.5037	2.7070	0.9355	1.1041	
X_3	-1.4580	-2.5716	-0.1080	2.9861	0.6346	-1.8017	2.7743	-0.8297	-0.3262	-1.4438	2.1315	-2.5327	2.3431	
X_4	-2.5494	2.6952	-0.3894	-1.6817	2.6753	2.7360	-0.5033	1.4928	-2.6905	1.2605	-0.4643	2.2654	0.5903	
X_5	-0.1869	-2.5748	1.4270	-0.8116	-2.4524	-1.4311	-2.5067	-2.6102	-2.0564	-0.7095	2.5931	-2.6303	-1.7595	
X_6	1.0026	-0.7945	2.0815	1.1989	-2.9475	1.0193	-0.1711	-1.0321	-0.7361	-1.3045	-2.3835	-0.6237	-1.7446	-0.6983
X_7	-0.9862	2.7404	-0.0010	0.4649	0.8315	0.3049	-0.6798	-2.5586	1.5912	1.8610	-2.8651	2.5579	2.6503	
X_8	-4.1816	-0.2989	-0.1862	-1.2905	-0.2809	-2.4078	2.6522	0.1324	-2.6092	-1.3065	2.6437	-1.7480	-1.7934	
W	-1.6028	-2.7829	2.3619	1.6710	2.6663	0.9407	-2.4265	-1.2561	1.0355	-1.5602	1.0851	1.4639	1.9729	
B_1	1.0507	0.4756	1.3421	2.4298	0.8958	-1.8292	2.7671	2.1163	-1.2977	-2.0380	-0.9726	1.0158	0.8551	
B_2														

注：$X_1 \sim X_8$代表网络输入节点，$H_1 \sim H_{13}$代表隐含节点，W 代表输出层节点，其交叉点代表初始权值；B_1 为隐含层节点的阈值，B_2 为输出节点阈值。

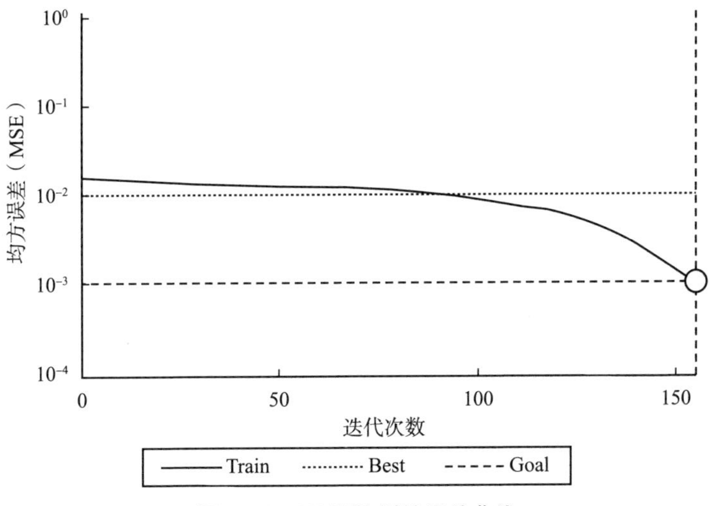

图8-6　BP网络训练误差曲线

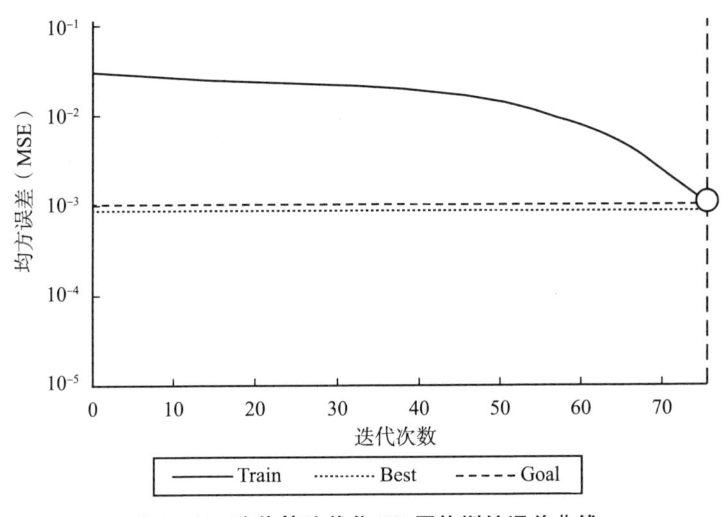

图8-7　遗传算法优化BP网络训练误差曲线

8.3.3　预警模型测试与结果分析

运用训练好的预警模型来对后3组测试样本进行检验，其网络输出值通过反归一化reverse函数得到网络预测值，如表8-7所示。将实际输出值与期望输出值相比较，可以直观地看到其所在的警区并没有发生改变。为了科学地比较两种网络模型性能的优劣，我们可以运用平均绝对百分误差

（*MAPE*）和拟合系数 R^2 等检验标准对网络的预测效果进行评估[①]。其中，*MAPE* 通过计算出实际输出与期望输出之间的整体相对偏差来衡量网络模型的准确性，其表达方式可以通过式（8.3）来表示；R^2 通过计算时间序列输出值曲线与实际值曲线的整体拟合程度来衡量网络模型的拟合能力，R^2 的取值范围为［0，1］，而且该值越是接近于1，就说明该算法的拟合能力就越强，它是通过式（8.4）计算得到的。通过这两个评价标准对这两个预警模型的性能进行评估，结果如表8－8所示。相比较而言，就网络的预测精度而言，BP模型预警预测的 *MAPE* 为0.23%，而优化后的BP网络的平均绝对百分误差 *MAPE* 为0.20%，预测精度提高了0.03个百分点；在模型的泛化能力方面，优化前的BP模型拟合系数 R^2 为0.9409，优化后的拟合系数 R^2 达到0.9918，这说明遗传优化的BP网络模型的拟合能力较强，具有更好的泛化性能。总的来说，本书构建的遗传算法优化的BP网络模型是成功的，并且可以用于乳制品质量安全风险预警的实际研究与预测。

$$MAPE = \frac{100\%}{N}\sum_{i=1}^{Np}\left|\frac{yi - \hat{y}i}{yi}\right| \tag{8.3}$$

$$R^2 = 1 - \frac{\sum_{i=1}^{Np}(yi - \hat{y}i)^2}{\sum_{i=1}^{Np}(yi - \bar{y})^2} \tag{8.4}$$

式（8.3）与式（8.4）中，N 为测试集中测试样本个数，Np 代表测试集预测的时间点，yi 表示测试样本的真实值，$\bar{y}$ 代表测试样本的平均值，$\hat{y}i$ 代表测试样本的预测值。

表8－7　测试样本仿真输出及所属警区

年份	乳制品抽检合格率（%）	警区	BP网络预测值	警区	遗传优化BP网络预测值	警区
2015	99.5	无警	99.1730	无警	99.2000	无警
2016	99.5	无警	99.1812	无警	99.2000	无警
2017	99.2	无警	99.1486	无警	99.1998	无警

① 宋国峰，梁昌勇，梁焱，等．改进遗传算法优化BP神经网络的旅游景区日客流量预测［J］．小型微型计算机系统，2014，35（9）：2136－2141.

表 8 -8　　网络模型预警预测效果评价指标值

评价标准	BP 神经网络	遗传优化 BP 网络
MAPE	0. 23%	0. 20%
R^2	0. 9409	0. 9918

8. 4　有效实现乳制品质量安全风险预警的保障措施

8. 4. 1　建立乳制品质量安全风险预警管理机制

大量的分析认为，近几年造成乳制品质量安全风险事件主要是人为所致。而本书认为，我国的乳制品质量安全事件频发的根源在于缺乏一整套有关乳制品质量安全风险预警信息的迅速收集、处理和发布的预警管理机制，使很多原本能够预防的风险不断积累、发展，最终酿成质量安全事件。因此，应当依据互联网技术和数据库技术，建立一套能够集成和共享预警信息，实现乳制品质量安全的动态、高效防控的风险预警管理机制。

根据目前我国乳制品质量安全风险发生的特点，所构建的乳制品质量安全风险预警管理机制的基本框架，至少应包括预警信息管理、预警信息分析和预警反应 3 个部分。其中，预警信息管理是预警管理体制的基础和保障部分，其主要的任务是管理预警条件、通报后的警情信息以及预警对象的信息，重点在于保证信息的时效性。预警信息分析作为整个预警管理机制的核心和关键环节，主要是对相关信息数据加以分析，得出乳品质量安全与否的结论，并运用到预警反应环节。预警反应是能够体现出预警管理机制是否有效运行，其主要工作是把警情信息向相关利益主体进行通报，警告其及时采取防控措施，降低社会损失。此外，对每个环节都增加相应的模块设计，以便它们更好地相互作用及有机运行，实现整个预警管理机制的风险监测、信息处理、预警预报等一系列预警工作。乳制品质量安全风险预警管理机制的基本框架结构如图 8 -8 所示。

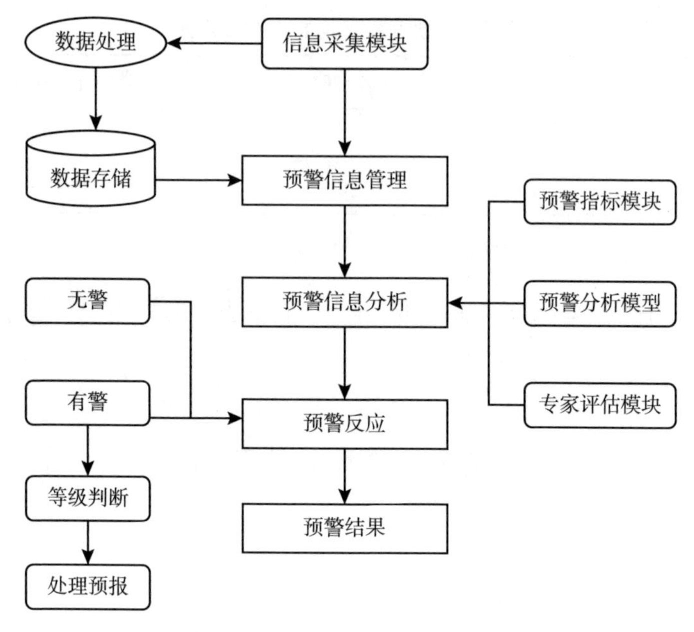

图8-8 乳制品质量安全风险预警管理机制的基本构架

1. 预警信息管理

预警信息管理层面是乳制品质量安全风险预警管理机制的基础，是保证获取高质量信息、充分识别、准确分析乳制品突发事件的前提条件。该模块的主要功能是全面准确地收集、处理、储存、更新和补充预警系统所需要的数据信息，实质是乳制品安全信息数据库。预警信息管理主要包括信息采集模块、数据处理模块和数据储存模块等。

（1）信息采集模块。乳制品安全信息采集模块主要负责收集影响乳制品质量安全的有关信息数据，并通过计算机网络传输汇总。该模块的数据主要来源于两个方面，一方面是监管部门。它通过各职能部门依据不同职责，从乳制品生产、加工和销售等方面采集相关监测检测信息，以保证数据来源的科学性与权威性。另一方面是网络舆情。互联网和大数据挖掘技术的高速发展，为获取消费者关于乳制品突发事件的网络舆情信息提供强大的技术支撑。网络舆情的来源渠道主要包括电视新闻、微博微信、论坛等。大数据挖掘技术能够从网络舆情中挖掘出海量信息，然后通过筛选、甄别真伪、统计分析等得出相应的结论，其获取的乳制品信息更加可靠、全面而快速①。

（2）数据处理模块。该模块主要功能是对原始信息的初步整理、筛选以及清洗等。由于不同信息数据源分散、孤立以及数据的结构和格式等差别很大，需要对混乱无章的信息数据进行分类和整理，筛选和清理超出检测范围或者重复的数据，以降低数据存量，提高数据库的运行效率。同时，利用数据转化工具使信息数据统一化、规范化以便之后的量化分析。

（3）数据储存模块。数据储存模块是用来存储处理之后的数据或标准性的信息数据。其中，标准性的信息数据来源于与乳制品安全相关的政策、数据等信息。主要涉及各种法律法规、乳制品检测标准和乳制品安全风险评估标准等。为了保证信息的实效性，监管部门要对数据和标准信息进行及时的更新、补充和调整。

2. 预警信息分析

预警信息分析是整个乳制品安全风险预警管理机制的核心环节，主要是基于可利用的数据信息，结合分析模型对其进行危害识别和断定，为乳制品质量安全风险预警决策提供科学的依据。预警分析子系统主要是由预警指标、预警分析模型和专家评估 3 个模块构成。

（1）预警指标模块。

预警指标模块主要设置与乳制品质量安全风险相关的预警指标体系，进而得出反映乳制品安全状况的指标预警分析。影响乳制品质量安全的风险因素众多又复杂，大致可划分为内源性风险因素，如理、化、生等乳制品检测项目和外生性风险因素，如乳制品企业管理、政府监管以及消费者认知等。因此，在遵循一定的原则下，需要选取具有代表性的风险因子作为预警应用指标。预警指标的数据信息来源于预警信息管理子系统。

（2）预警分析模型模块。

预警分析模型模块主要由模糊数学、数据挖掘、决策树、人工神经网络和危险性评估等理论与方法构成。实现的主要功能是将风险信息通过预警模型和限定条件进行计算，从而得出预警结果，为预警反应提供判断依据。预警分析模型是在客观监测数据基础上进行的预警预测，但仅仅依赖监测数据作出的预判显示了一定的滞后性与片面性。因此，有需要与专家分析相结合的方式，快速而准确地处理乳制品安全预警信息。

---

①　杜鹏程，于伟文，陈禹保，等．利用系统进化树对 H7N9 大数据预测传播模型的评估［J］．中国生物工程杂志，2014，34（11）：18－23.

（3）专家评估模块。

专家评估模块主要是建立一支具有雄厚的理论基础和经验丰富的专家团队，利用专家们的专业知识和实践经验参与预警分析、研判和评估以及预测。专家评估对预警分析模型进行预警发挥着辅助性的作用，可以改善单纯依赖数学模型进行预警分析的缺陷，从而保证乳制品质量安全预警系统的全面性、准确性与科学性。

3. 预警反应

预警反应主要是根据分析、评估的结果进行预警应对。其输入端是经过预警分析模块的分析得到的结果，输出端是预警控制命令，能够警示乳品安全态势以及为监管部门针对性预防和控制提供依据。按照分析和评估的结果反应状况一般有两种情况：一种是正常的乳制品质量安全状况，另一种是有异常警情出现的状况。当预警结果为正常时，其应对策略是继续日常监测；当发现预警结果显示异常时，就需要调控应付。首先，判断乳制品安全风险等级，给予不同程度的警情预报。其次，依据警报对警情进行追根溯源，并实施针对性的预警措施，争取将风险与危机消灭在初始阶段。最后，要将预警结果、处理方案等信息进行展示，并在政府门户网站报告或以邮件、手机短信的方式实时发布给相关对象，如监管部门、质检机构、乳制品企业和消费者等。

8.4.2 完善乳制品质量安全风险管理的法律法规

完善的乳制品质量安全风险管理法律法规，是有效实现风险预警工作的前提条件和基础。目前，我国有关乳制品质量安全预警管理方面的立法尚处于起步阶段，专门的法律条款欠缺，配套的法规规章不足，这直接会大大降低预警工作的实效性。因此，完善乳制品质量安全风险管理的法律法规，一方面，需要将风险预警上升至法律高度，把风险预警和风险监测、风险评估的相关的规定保持一致，使其成为有法律保障的常规监管制度，让风险预警有法可依，并逐步形成一项日常风险管理工作。另一方面，从法律上明确乳制品质量安全风险预警的概念，并就风险预警的监测、风险评估、风险交流以及风险信息发布等环节的相关实施细则进行具体化，这样有利于明确政府各相关部门的职能和监管范围，确保预警工作的可操作性与效率。

8.4.3 加大政府财政投入力度，保障预警工作顺利推进

乳制品质量安全风险预警具有复杂性、综合性、长期性等特征，其涉及

的领域和范围较为广泛。从预警信息获取方面来看，无论是风险信息的收集和后续的信息处理分析，都需要汇总、梳理国内外的相关标准以及历史数据资料，还需要覆盖乳制品供应链的调查研究，积累大量的数据作为预警分析的基础。目前，由于大量基础性监测数据的缺失，风险预警工作与当前乳制品质量安全风险科学管理的要求存在较大的差距，亟须政府部门投入固定且足够的财政资金支撑，保障乳制品质量安全风险预警工作的全面进行。从风险监测技术水平的方面来看，风险监测技术水平一定程度上影响着乳制品质量安全风险的预警预测结果和应急响应效率，尤其是监测检测部门和机构的硬件设备以及试验条件。目前，随着食品工业技术的飞速发展，新的技术风险日趋复杂，影响乳制品质量安全风险的不可控因素逐渐增加，危害也越来越大。因此，急需加大风险监测机构的资金投入力度，特别是在软硬件方面，以提高机构的检验检测水平，有助于增强风险监测能力、风险评估水平以及预警效果，从而大大推进乳制品质量安全的风险预警工作。

8.4.4 加强专业人才队伍建设，提升风险预警工作水平

乳制品质量安全的风险预警工作人员是风险预警活动的直接承担者，对风险预警效果的影响具有根本性的意义。因此，加强乳制品质量安全风险预警的人才队伍建设，提高工作人员的专业素养和业务能力，是亟待解决的问题。风险预警工作表现出较强的专业性，需要统一制定人才培养计划，定期对业务人员进行培训、教育与考核。拓宽高技术人才的成长渠道，并通过制定相关的激励政策，来培养或吸引专业的人才队伍。此外，我国在预警方法和检测技术等方面与国际上存在一些差距，因此，在全球化视野和现代化科技信息互通、共享的今天，我们也应当积极地推进国际交流项目。一方面，鼓励我国政府乳制品质量安全的相关机构与国外风险管理机构建立全面、稳定、长期的合作关系，定期或不定期地举行国际项目培训，强化与扩宽专业人员的国际交流与合作，使整个专业人才队伍的业务能力与国际科技发展水平保持同步，甚至是超越国际水平。另一方面，探索和积累我国乳制品质量安全风险特征，并及时关注、学习与交流发达国家的风险特征变化和技术水平，拓宽风险预警专业人员的视野，提高整支队伍素质和业务能力。

参考文献

[1] 周德翼，吕志轩．食品安全的逻辑 [M]．北京：科学出版社，2008.

[2] Cao K.，Maurer O.，Scrimgeour F.，Dake C. K. 2005，February. Estimating the Cost of Food Safety Regulation to the New Zealand Seafood Industry. In 2003 Conference (47th)，February 12 – 14，2003，Fremantle，Australia (No. 57840). Australian Agricultural and Resource Economics Society.

[3] Annementte Nielsen. 2006. Contesting competence – Change in the Danish food safetysystem. Appetite.

[4] Christophe Charlier，Egizio Valceschini. 2012. Coordination for traceability in the food chain：A critical appraisal of European regulation，12.

[5] Todt O，Muñoz E，Plaza M. Food safety governance and social learning：The Spanish experience [J]. *Food control*，2013，18 (7)：834 – 841.

[6] 白宝光，解敏，孙振．基于科技创新的乳制品质量安全问题监控逻辑 [J]．科学管理研究，2013，31 (4)：61 – 64.

[7] 黄蕾，李瑶琴，刘俊华．基于乳品供应链质量安全监管的博弈论解释 [J]．现代商业，2013，31 (11)：58 – 59.

[8] 祝捷．基于供应链的乳制品安全监管方法研究 [J]．宏观质量管理，2013 (10)：35 – 44.

[9] 樊斌，魏红梅，潘方卉．乳制品质量安全违规行为监管体系研究 [J]．商业经济，2014 (3)：15 – 16.

[10] 陈红，向南．北京市乳制品安全监管政府绩效评估 [J]．中国农业大学学报，2016 (11)：58 – 63.

[11] 李亘，李向阳，刘昭阁．乳制品安全监管中的多阶段进化博弈分析 [J]．运筹与管理，2017，26 (6)：49 – 57.

[12] 王娜，张萍，刘芳．新澳乳制品安全监管 [J]．世界农业，2018 (8)：160 – 165.

[13] 杨琦，裴磊，魏旭明．中国乳制品销售环节安全监管状况影响因

素研究——基于主成分因子分析和二项 Logistic 回归. 南京工业大学学报(社会科学版), 2019 (6): 90 - 101.

[14] Valeeva, Meuwissen, Lansink. 2011. Cost implications of improving food safety in the Dutch dairy chain. *European Review of Agricultural Economics*, 33 (4): 511 - 541.

[15] 叶枫, 郭淼媛. 质量控制下的乳制品供应链协调 [J]. 经营与管理, 2013 (10): 111 - 114.

[16] 慕静, 车东方. 基于马尔科夫过程的乳制品可追溯系统可靠性研究 [J]. 食品研究与开发, 2014, 35 (9): 216 - 220.

[17] 申强, 侯云先, 杨为民, 刘笑冰. 乳制品供应链产品质量控制优化模型构建——基于服务型闭环供应链角度 [J]. 中国乳品工业, 2014, 42 (1): 40 - 42.

[18] 吴强, 孙世民. 于质量安全的乳品供应链合作伙伴关系研究 [J]. 物流科技, 2016 (2): 111 - 114.

[19] 张凯, 樊斌基. 基于供应链的乳品质量安全影响因素研究 [J]. 湖北农业科学, 2016, 55 (13): 3502 - 3505.

[20] 张海媛, 王晶. 影响乳品质量的因素分析及控制方法 [J]. 黑龙江科学, 2016, 7 (3): 144 - 147.

[21] 张荣彬. 我国乳制品产业概况及质量安全控制 [J]. 中国乳品工业, 2017, 45 (2): 26 - 28.

[22] 白世贞, 胡晓秋, 陈化飞. 基于 SPC 的乳制品加工环节质量安全控制研究 [J]. 保险与加工, 2018, 18 (2): 44 - 49.

[23] 孙世民, 郭延景, 吴强. 乳制品加工企业全面质量控制认知与行为分析 [J]. 农业经济与管理, 2018, 47 (1): 76 - 83.

[24] 刘运荣, 陆艳. 中国乳与乳制品安全问题的探讨 [J]. 农业工程技术 (农产品加工), 2007, (9): 32 - 37.

[25] 沈伟平, 徐国忠, 张克春. 影响牛奶质量安全的因素及对策 [J]. 上海畜牧兽医通讯, 2009, (2): 86 - 87.

[26] 王加启, 郑楠, 许晓敏, 韩荣伟, 屈雪寅. 牛奶质量安全主要风险因子分析 I 总述 [J]. 中国畜牧兽医, 2012, 39 (2): 1 - 5.

[27] Signorini M. L., Gaggiotti M., Molineri A., et al. Exposure assessment of mycotoxins in cow's milk in Argentina [J]. *Food Chem Toxicol*, 2012, 50 (2): 250 - 257.

[28] Levent K., Sibel O. Failure mode and effect analysis for dairy product manufacturing: Practical safety improvement action plan with cases from Turkey [J]. *Safety Science*, 2013 (55): 195 – 206.

[29] Y. Motaijemi G. G., Moy P. J., Jooste L. E., et al. Risks and Control in the food supply chain: Milk and Dairy Products [N]. Food Safety Management Academic Press, 2014: 83 – 117.

[30] Anjani K., Ganesh T., Joshi D. R. Adoption of Food Safety Measures among Nepalese Milk Producers Do Smallholders Benefit? [N]. IFPRI Discussion Paper 01556. 2016 (9): 9 – 53.

[31] Tobias Schoenherr. Assessing supply chain risks with the analytic hierarchy Process: providing decision support for the decision by a US manufacturing Company [J]. *Journal of Purchasing & Supply Management*, 2008, 14 (2): 100 – 111.

[32] 钱贵霞，解晶. 中国乳制品质量安全的供应链问题分析 [J]. 中国乳业，2009 (10): 62 – 66.

[33] 白宝光，郭文博，张加. 乳制品质量安全水平多因素敏感性分析 [J]. 食品工业科技，2013, 34 (20): 49 – 52.

[34] Reiner G., Teller C., Kotzab H. Analyzing the Effcient Execution of In – Store Logistics Processes in Grocery Retailing – The Case of Dairy Products [J]. *Production and Operations Management*, 2013, 22 (4): 924 – 939.

[35] Chen C., Zhang J., Delaurentis T. Quality control in food supply chain management: An analytical model and case study of the adulterated milk incident in China [J]. *International Journal of Production Economics*, 2014 (152): 188 – 199.

[36] Helen Dornom. *Guide to good dairy farming practices* [M]. Rome: Food & Agriculture Organization of the United Nations, 2012 (6): 58 – 65.

[37] 张凯，樊斌. 基于供应链的乳品质量安全影响因素研究 [J]. 湖北农业科学，2016, 55 (13): 3501 – 3504, 3525.

[38] 郭延景，孙世民. 论乳制品供应链核心企业的全面质量控制行为 [J]. 中国乳品工业，2017, 45 (7): 48 – 52.

[39] 栾稳稳. 供应链下的乳品质量安全影响因素的思考 [J]. 食品安全导刊，2018, 200 (9): 28.

［40］ Resende－Filho M. A.， Hurley T. M. Information asymmetry and traceability incentives for food safety ［J］. *International Journal of Production Economics*，2012，139（2）：596－603.

［41］ 高晓鸥，宋敏，刘丽军．基于质量声誉模型的乳品质量安全问题分析［J］．中国畜牧杂志，2010，46（10）：30－34.

［42］ 陈康裕．政府监管与消费者监督对乳制品供应链食品安全的影响分析［D］．广州：广东工业大学，2012.

［43］ 苏红梅．乳制品供应链质量安全影响因素与管理对策研究［J］．内蒙古工业大学学报（社会科学版），2014，23（2）：31－35.

［44］ 赵培瑞．我国液态乳制品安全监管机制问题及对策研究［D］．长沙：中南林业科技大学，2014.

［45］ 姜冰，李翠霞．基于宏观数据的乳制品质量安全事件的影响及归因分析［J］．农业现代化研究，2016，37（1）：64－70.

［46］ 白宝光，马军．乳制品质量安全问题治理机制创新研究［J］．科学管理研究，2017，35（1）：75－78.

［47］ Kleter G. A.， MARVIN H. J. P. Indicators of emerging hazards and risks to food safety ［J］. *Food & Chemical Toxicology*，2009，47（5）：1022－1039.

［48］ Williams M. S.， Ebel E. D.， Vose D. Framework for microbial food-safety risk assessments amenable to Bayesian modeling ［J］. *Risk Analysis*，2011，31（4）：548－565.

［49］ 张英奎，卢一墨．基于层次分析法的乳制品供应链质量安全评价体系研究［J］．牡丹江大学学报，2013，22（11）：141－144.

［50］ 权聪娜．乳制品质量安全风险评价与监管研究［D］．保定：河北农业大学，2014.

［51］ 石蒙蒙．乳制品生产企业质量安全风险控制研究［D］．济南：山东建筑大学，2017.

［52］ 曾佑新，宋斯达．基于主成分与灰色关联分析的乳制品供应链风险因素评价［J］．中国市场，2017（9）：156－158.

［53］ 杨玮，王晓雅，张琚燕．乳制品冷链物流预警研究［J］．中国乳品工业，2018，46（7）：50－55.

［54］ MeMeekin T. A.， Olley J. N.， Ross T.， et al. Predictive Microbiology ［J］. *Theory and Application*，1994，23（3）：241－264.

［55］ Lei Li, Qingming He, Yunmei Wei, et al. Early warning indicators for monitoring the process failure of anaerobic digestion system of food waste ［J］. *Bioresource Technology*, 2014, 171 (8): 491 - 494.

［56］ 董笑，白宝光．对建立乳制品质量安全预警指标体系的探究［J］. 内蒙古科技与经济，2016 (4): 27 - 28.

［57］ Antle J. Efficient Food Safety Regulation in the Food Manufacturing Sector ［J］. *American Journal of Agricultural Economics*, 1996 (6): 20 - 25.

［58］ Albert I., Grenier E., Denis J. B., et al. Quantitative risk assessment from farm to fork and beyond: a global Bayesian approach concerning food-bornedisease ［J］. *RiskAnal*, 2008, 28 (2): 557 - 571.

［59］ Wentholt M. T. A., Fischer A. R. H., Rowe G., et al. Effective identification and management of emerging food risks: Results of an international Delphi survey ［J］. *Food Control*, 2010, 21 (12): 1731 - 1738.

［60］ 安珺．基于层次分析法的乳品质量安全预警系统研究［D］. 哈尔滨：东北农业大学，2012.

［61］ 刘芳，白燕飞，何忠伟．中国奶业损害预警模型研究［J］. 农业技术经济，2015 (3): 46 - 53.

［62］ 李海燕．利用层次分析法对乳制品质量安全风险的建模分析［J］. 食品安全导刊，2016 (27): 57 - 58.

［63］ Ross T., Sumner J. Asimple, spreadsheet-basde, food safety risk assessment tool ［J］. *International Journal of Food Microbiology*, 2002 (77): 39 - 53.

［64］ Valerie J., Davidson, Joanne R., Aamir F. Fuzzy risk assessment tool for microbial hazards in food system ［J］. *Fuzzy Set and Systems*, 2006 (157): 1201 - 1210.

［65］ Deng Y. Fuzzy evidential warning of grain security ［C］. Proceedings of 2010 IEEE International Conference on Advanced Management Science, 2014.

［66］ Lokosang L. B., Ramroop S., Hendriks S. L. Establishing a robust technique for momitoring and early warning of food insecurity in post-conflict South Sudan using ordinal logistic regression ［J］. *Agrekon*, 2011, 50 (4): 101 - 130.

［67］ 韩荣伟，郑楠，于忠娜，等．基于 Shewhart Control Chart 的生鲜乳中兽药残留风险预警方法研究［J］. 中国畜牧兽医，2013, 40 (S1): 12 - 17.

［68］王微双．乳制品生产企业原奶采购风险预警体系研究［D］．哈尔滨：哈尔滨商业大学，2014.

［69］董笑，白宝光．基于时间序列分解法对原料乳质量安全预测的探究［J］．食品工业，2016，37（5）：188－191.

［70］寇莹，李学飞，郭微．基于支持向量回归机的乳制品质量预测［J］．黑龙江畜牧兽医，2017（16）：4－7.

［71］曾欣平，吕伟，刘丹．基于供应链和可拓物元模型的乳制品企业食品质量安全风险预警研究［J］．安全与环境工程，2019，26（3）：145－151.

［72］何静，杨翼．物联网环境下的乳制品供应链质量安全风险管理研究［J］．中国乳品工业，2019，47（2）：43－47.

［73］Njubi D. M.，Wakhungu J. W.，Badamana M. S. Prediction of second parity milk performance of dairy cows from first parity information using a artificial neural network and multiple linear regression［J］. *Asian Journal of Animal and Veterinary Advances*，2008（3）：222－229.

［74］章德宾，徐家鹏，许建军，等．基于监测数据和 BP 神经网络的食品安全预警模型［J］．农业工程学报，2010，26（1）：221－226.

［75］徐杨柳．神经网络 BP 算法在食品安全中的应用研究［D］．赣州：江西理工大学，2013.

［76］Sevim C.，Oztekin A.，Bali O.，et al. Developing an early warnming system to predict currency crises［J］. *European Journal of Operational Research*，2014，237（3）：1095－1104.

［77］刘忠刚．基于 BP 神经网络的乳制品质量安全评价研究［D］．哈尔滨：哈尔滨商业大学，2014.

［78］张星联，张慧媛，唐晓纯．基于神经网络的蔬菜农药残留风险预警模型研究［J］．中国农业大学学报，2015，20（2）：259－267.

［79］王星云，左敏，肖克晶．基于 BP 神经网络的食品安全抽检数据挖掘［J］．食品科学技术学报，2016，34（6）：85－90.

［80］Wang J.，Yue H.，Zhou Z. An Improved Traceability System for Food Quality Assurance and Evaluation Based on Fuzzy Classification and Neural Network.［J］. *Food Control*，2017（79）：363－370.

［81］周桢，张胜军．基于 BP 神经网络模型的食品安全供给分析［J］．价值工程，2019（12）：72－74.

[82] 吴为，郑婵娇，陈思秋，等．基于供应链和 BP 神经网络的区域性食品安全状况评价指标体系 [J]．食品安全导刊，2018 (1)：8 – 11.

[83] 钟真．生产组织方式、市场交易类型与生鲜乳质量安全——基于全面质量安全观的实证分析 [J]．农业经济技术，2011 (1)：13 – 23.

[84] 钟真，孔祥智．中间商对生鲜乳供应链的影响研究 [J]．中国软科学，2010 (6)：68 – 79.

[85] 刘鹏．西方监管理论：文献综述和理论清理 [J]．中国行政管理，2009 (9)：11 – 15.

[86] W. Viscusi Kip, John M. Vernon, Joseph E. Harrington, Jr. *Economics of Regulation and Aantitrust* [M]. Boston: The MIT Press, 1995: 34.

[87] George J. Stigler. The Theory of Economic Regulation [J]. *Bell Journal of Economics*, 1971 (2): 3.

[88] Peltzman S. Toward a More General Theory of Regulation [J]. *Journal of Law&Economics*, 1976, 19 (2): 241 – 244.

[89] James Q. Wilson. The Politics of Regulation [M]. New York: Basic Books, 1980: 357 – 394.

[90] James G. March and Johan P. Olsen. The New Institutionalism: Organzational Factors in Political Life [J]. *American Political Science Review*, 1984, 11 (78): 734 – 749.

[91] Brian Levy and Pablo T. Spiller. Regul ations, Institutions, and Commitment: Comparative Studies of Telecommunications [M]. Cambridge: Cambridge University Press, 1996.

[92] Black J. New Institutionalism and Naturalism in Socio – Legal Analysis: Institutionalist Approaches to Regulatory Decision Making [J]. *Law&Policy*, 2010, 19 (1): 51 – 93.

[93] 刘鹏．西方监管理论：文献综述和理论清理 [J]．中国行政管理，2009 (9)：11 – 15.

[94] Hood C. Explaining economic policy reversals [J]. Open University Press Howard Michael, 1994: 19 – 36.

[95] Richard A. Harris & Sidney M. Milkis. *The Politics of Regulatory Change: A Tale of Two Agencies* [M]. New York: Oxford University Press, 1996: 18.

[96] Helen Wallace, William Wallace, Policy. making in the European

Union. Oxford: Oxford University Press, 1996: 22 -24.

[97] 黄冠胜，林伟，王力舟，徐战菊. 风险预警系统的一般理论研究 [J]. 中国标准化，2006 (3): 9 -11.

[98] 杨艳涛. 加工农产品质量安全预警与实证研究 [D]. 北京: 中国农业科学院，2009.

[99] 赵燕滔. 食品安全风险分析初探 [J]. 食品研究与开发，2006 (11): 226 -228.

[100] 姚建明. 基于风险分析原则的食品安全监管体系研究 [D]. 广州: 华南理工大学，2010.

[101] 温正，孙华克. MATLAB 智能算法 [M]. 北京: 清华大学出版社，2017: 28 -30.

[102] 王娟. 基于 BP 神经网络的网贷平台风险评价研究 [D]. 北京: 北京交通大学，2019.

[103] Cheng B., Titterington D. M. Neural Networks: A review from a statistical perspective. Statistical Science, 1994, 9 (1): 2 -5.

[104] 王小平，曹立明. 遗传算法——理论应用与软件实现 [M]. 陕西: 西安交通大学出版社，2002: 2 -6.

[105] 冯宪彬，丁蕊. 改进型遗传算法及其应用 [M]. 北京: 冶金工业出版社，2016: 42 -48.

[106] 王小川，史峰，郁磊，等. MATLAB 神经网络 43 个案例分析 [M]. 北京: 北京航空航天大学出版社，2013: 20 -24.

[107] 刘亚平. 走向监管国家 [M]. 北京: 中央编译出版社，2011: 72 -75.

[108] 文晓巍. 食品安全监管、企业行为与消费者决策 [M]. 北京: 中国农业出版社，2013: 38 -43.

[109] 秦利. 基于制度安排的中国食品安全治理研究 [M]. 北京: 中国农业出版社，2011: 105 -116.

[110] 陈宗岚. 中国食品安全监管制度经济学研究 [M]. 北京: 中国政法大学出版社，2016: 65 -87.

[111] [美] R. 科斯，A. 阿尔钦，D. 诺斯，等. 财产权利与制度变迁——产权学派与新制度学派译文集 [M]. 上海: 上海三联书店，1994: 297 -298.

[112] [美] 诺思. 制度、制度变迁与经济绩效 [M]. 上海: 上海三联

书店，1994：150.

［113］［美］道格拉斯·诺思．经济史中的结构与变迁［M］．上海：上海三联书店，2003：1.

［114］NORTH D. C. Economic Performance through Time［J］. *American Economic Review*，1994，84（3）：359－368.

［115］汪普庆，周德翼．我国食品安全监管体制改革：一种产权经济学视角的分析［J］．生态经济，2008（4）：98－101.

［116］颜海娜，等．制度选择的逻辑——我国食品安全监管体制的演变［J］．公共管理学报，2009（3）.

［117］［美］安东尼·唐斯．官僚制内幕［M］．北京：中国人民大学出版社，2006：11.

［118］方芳，等．生鲜乳质量安全监管信息化建设探析［J］．中国奶牛，2018（12）：44－46.

［119］孙宝国，周应横．中国食品安全监管策略研究［M］．北京：科学出版社，2013：324－329.

［120］白宝光．供应链环境下乳制品质量安全管理研究［M］．北京：科学出版社，2016.

［121］白宝光，马军．乳制品质量安全问题治理机制创新研究［J］．管理科学研究，2017，35（1）：75－78.

［122］陈虹．宏观质量管理［M］．武汉：湖北人民出版社，2009.

［123］Teimoory，H.，et al. Antibacterial activity of Myrtus communis L. and Zingiber officinalerose extracts against some Gram positive pathogens［J］. *Research Opinions in Animal and Veterinary Sciences*，2013（3）：478－481.

［124］Mohammad Rezaei，Hajar Akbari Dastjerdi，Hassan Jafari，et al. Assessment of dairy products consumed on the Arakmarket as determined by heavy metal residues［J］. *Health*，2014，6（5）：323－327.

［125］苗君莅，陈有容，齐凤兰，等．乳酸菌在乳制品及其他食品中的应用拓展［J］．中国食物与营养，2005（10）：25－27.

［126］朱正鹏，单安山，薛艳林，等．牛乳体细胞数对于牛奶品质的影响［J］．中国畜牧杂志，2006，42（13）：47－49.

［127］赵连生，王加启，郑楠，等．牛奶质量安全主要风险因子分析［J］．中国畜牧兽医，2012，39（17）：1－4.

［128］Namihira，D.，Saldivar，L.，Pustilnik，N.，Carreón，G. J. and

Salinas, M. E. Lead in human blood and milk from nursing women living near a smelter in Mexico City [J]. *Journal of Toxicology and Environmental Health*, 1993 (38): 225 - 232.

[129] 孙延斌，孙婷，董淑香，等．污染指数法在乳制品重金属污染评价中的应用研究 [J]. 中国食品卫生杂志，2015，27 (4): 441 - 446.

[130] 刘然．黄曲霉毒素 M1 检测试剂盒的制备及其原料乳含量预警机制 [D]. 天津：天津商学院，2006 (5): 3 - 9.

[131] Cristine Cerva, Carolina Bremm, Emily Marques dos Reis. Food safety in raw milk production: risk factors associated to bacterial DNA contamination [J]. *Trop Anim Health Prod*, 2014 (46): 877 - 882.

[132] 丁晓贝，谢志梅，裴晓方．乳及乳制品中微生物污染及其控制 [J]. 中国乳业，2009 (6): 52 - 53.

[133] 史长生．食品中大肠菌群测定的分析研究 [J]. 食品研究与开发，2012，33 (8): 235 - 237.

[134] Heidinger J. C., Winter C. K., Cullor J. S. Quantitative Microbial Risk Assessment for Staphylococcus Aureus and Staphylococcus Enterotoxin A in Raw Milk [J]. *J Food Protect*, 2009, 72 (8): 1641 - 1653.

[135] 刘弘，顾其芳，吴春峰，等．生乳中金黄色葡萄球菌污染半定量风险评估研究 [J]. 中国食品卫生杂志，2011，23 (4): 293 - 296.

[136] Inger Völkel, Eva Schröer - Merker, Claus - Peter Czerny. The Carry - Over of Mycotoxins in Products of Animal Origin with Special Regard to Its Implications for the European Food Safety Legislation [J]. *Food and Nutrition Sciences*, 2011 (2): 852 - 867.

[137] 陶利明，徐明芳，陈枫，等．乳与乳制品中抗生素残留危害及治理 [J]. 现代农业科技，2011 (11): 362 - 363.

[138] 刘艳姿．乳酸菌的生理功能特性及应用的研究 [D]. 秦皇岛：燕山大学，2010 (6): 2 - 5.

[139] Isaac, C. P., Sivakumar, A. and Kumar, C. R. Lead levels in breast milk, blood plasma and intelligence quotient: A health hazard for women and infants [J]. *Bulletin of Environmental Contamination and Toxicology*, 2012 (88): 145 - 149.

[140] 杨艳涛．食品质量安全预警与管理机制研究 [M]. 北京：中国农业科学技术出版社，2013: 142 - 151.

[141] 仉新. 时间序列分析在经济投资中的研究与应用 [D]. 沈阳: 沈阳工业大学, 2013 (2): 7 - 8.

[142] 张金艳, 郭鹏江. 确定性时间序列模型及 ARIMA 模型的应用 [J]. 西安邮电学院学报, 2009, 14 (3): 128 - 132.

[143] 赵文哲, 钱贵霞. 奶牛规模化养殖的可持续性评价 [J]. 中国人口·资源与环境, 2013, 23 (S2): 435 - 438.

[144] 周小梅, 张琦. 产业集中度对食品质量安全的影响——以乳制品为考察对象 [J]. 中共浙江省委党校学报, 2016, 32 (5): 114 - 122.

[145] 飞思科技产品研发中心. 神经网络理论与 Matlab7 实现 [M]. 北京: 电子工业出版社, 2005 (3): 102 - 104.

[146] 常丽娟, 陈玲英. BP 神经网络在基本养老保险基金支付风险预警中的应用 [J]. 统计与信息论坛, 2011, 26 (11): 80 - 84.

[147] 谢红梅, 廖小平, 卢煜海. 遗传神经网络及其在制品质量预测中的应用 [J]. 中国机械工程, 2008 (22): 2711 - 2714.

[148] 郭盼盼. 基于 GA - BP 神经网络的多日股票价格预测 [D]. 郑州: 郑州大学, 2019.

[149] 宋国峰, 梁昌勇, 梁焱, 等. 改进遗传算法优化 BP 神经网络的旅游景区日客流量预测 [J] 小型微型计算机系统, 2014, 35 (9): 2136 - 2141.

[150] 杜鹏程, 于伟文, 陈禹保, 等. 利用系统进化树对 H7N9 大数据预测传播模型的评估 [J]. 中国生物工程杂志, 2014, 34 (11): 18 - 23.

后　记

笔者于2016年主持完成了国家自然科学基金项目“供应链管理环境下乳制品质量安全监控体系研究”（项目号：71162014）和两项与乳制品质量安全问题相关的省级课题。在这些课题研究过程中发现了一些有关乳制品质量安全政府监管与风险预警的新问题，研究团队随即提出了新的研究设想，并申请了国家自然科学基金项目和内蒙古自然科学基金项目。欣喜的是，2018年获批了内蒙古自治区自然科学基金项目“乳制品质量安全危机预警及其管理机制研究”（项目号：2018LH07009），2019年获批了国家自然科学基金项目“协同治理视角下我国乳品安全供给的政府规制与企业自我规制竞合机制研究”（项目号：71863027）。本书就是在承担这两项课题研究工作的基础上完成的，是这两项课题的主要研究成果。

在本书研究过程中，笔者带领着研究团队和研究生进行了大量的实地调研，走访了呼和浩特市、包头市、乌兰察布市周边的牧场、奶牛养殖村和饲养户，深入了解了奶牛的养殖情况，收集了影响原料奶质量安全因素的一手资料。在乳制品生产加工的调研中，走访了内蒙古自治区伊利乳业（集团）公司和蒙牛乳业（集团）公司，掌握了乳制品生产加工过程中的质量安全风险来源和控制方法，了解了政府对乳制品质量安全问题的监管情况。在调研过程中，得到王维先生、赵金荣女士等多名校友的热情接待和帮助，在此向他们致以最真诚的谢意。

还要感谢研究生朱洪磊、董笑、范清秀、闫冰等，他们在我的研究中做了大量的工作，收集资料、设计和发放调查问卷、并参与研究等。没有他们的帮助和努力，难有今天的成绩。

还要感谢我的工作单位内蒙古工业大学，批准了我组建的“乳品质量安全监管与产业政策创新团队”，并在经费上给予支持。

还要感谢我的妻子陶玲，我在课题研究中得到她的大力支持和默默的奉献。她承担起家里的一切日常事务，为我营造了良好的环境，使我有充分的时间和精力专注于研究工作。

课题的研究工作我们虽已尽力，但受到学生水平的限制，一些理论阐释还不够严密、不够透彻，研究方式还需改进，书中难免有不足，敬请读者原谅。

白宝光

2020 年 8 月 25 日于主楼 430C 教授工作室